大展好書 好書大展

超經營新智慧 6

業務員成功秘方

呂育清/編著

大展出版社有限公司

序

最近由於競爭激烈，消費者意識逐漸抬頭，各家廠商都使出渾身解數，企圖強化營業能力和商品的銷售能力，對營業人員的再教育訓練，就在這種大環境的前提下炙熱起來。個人幸逢其會，並承蒙各方不棄而有機會到各處講演。

有點令我納悶的是，經常在未演講前，我所看到的各公司營業人員都是一副很消沉的樣子。原來大多數的營業人員都陷入促銷無門或業績低落的窘境裡。

當時，我就直覺的認為，或許是公司最初給營業人員的教育有所偏差吧！

營業（賣東西），這是由人來說服人的，個人就可以做得好的工作。所以對營業人員的教育訓練中，就應有自我鍛鍊的項目。可是，這一點却經常被忽略，而把注意力過分地集中到推銷員的儀態、說話術等表面的教育訓練上。例如一項產品推出後，公司只在意業務員爭取顧客的多寡及熟悉簡單的使用方法，其餘的就靠業務員自行體會，這種作法，那就難怪業務員會意志消沉了。

那麼真正的業務員教育訓練是什麼呢？這也就是編寫本書的動機。我把平日對業務員演講時的各項理論要點匯集起來，提供大家做參考。相信它將有助於從事有關業務工作的人，發現自我缺失而加以改進或彌補。俗話說：「有志者事竟成」所以自我改變的耐心和決心也是不可或缺的。

本書一開始便是剖析營業的重要性，與其在企業中所扮演的角色。因為一個業務員如果連這個都不懂的話，那他就不可能全心地投入，這樣即使他擁有再多的知識或再好的技術，終究很難成為一位成功的業務員。

又，因為營業是屬於說服人的工作，所以本書接著就是強調，一個成功的業務員必須要確實找出並抓住所要說服的對象（即顧客）。顧客並不是漫無目的地從人群裡找尋，而是業務員本身有意識地去找尋的特定對象，並且設法加以「培養」出來的。

最後本書以具體的實例、商品的分析等，來說明一個業務人員應有的銷售態度及商品知識，並介紹如何組織銷售網和銷售技巧。

不過，營業的工作並不是這樣就結束了。一個成功的營業行為，最重要的是不僅達到銷售商品的目的，而且還要透過商品銷售後的售後服務來和顧客保持繼續不斷的人際關係。

本書付梓承蒙各界鼎力協助在此謹致萬分的謝意，並希望由於本書的刊行能提供各位讀者一條成功的業務之道！

目錄

第二章 業務員要做些什麼呢?

第三章 業務員必備的條件

第四章 業務員應有的儀態

第五章 如何挑選訪問的對象

第六章 做訪問前的心態和準備

第九章 訂定契約

第十章　儘力做好售後服務

第一章　業務員應有的氣度

1 業務部主宰企業的興衰

一談到業務部，有很多人都認為那是企業中最卑微的部門而嗤之以鼻。有很多業務員的心態也是如此，認為自己既沒有錢又沒有專長，所以只好當個業務員「混」日子。

其實這是多麼荒謬的想法呀！

業務部不但不是企業中最卑微的一環，相反地，它還是主宰著企業全體命運最具關鍵性的部門。而且因為業務是一種以人來說服人的工作，所以它又是最具知性，最富趣味和挑戰性的工作。

業務工作之所以會被視為很卑微，那是因為大家對業務員的觀念仍停留在那種物品缺乏，任何人都可以促銷的時代裡；既無資金又沒有專長和銷售技術，每天只是在親戚朋友之間奔走，一味地低頭，拜託，擺低姿勢的業務員的形象之中。

可是現在時代變了，不但物質變得豐富，而且各行各業也競爭激烈。企業要想生存，就必須確切地掌握住顧客，這時的業務員如果只是到處奔走拜訪，是很難持續不斷地賣出商品的。

業務是以人來說服人的工作

物質的豐富使得同樣功能的商品到處充斥，商品有了比較和競爭，會變得較難銷售，於是業務部門的強弱，即商品銷售能力的高低，便維繫著整個企業的盛衰。一個商品銷售能力低落的企業，即使它所開發的產品再好，資金再雄厚，最後還是難逃潰敗的命運。

日本本田技研工業的開創者本田一郎先生，曾在其著書中坦白地承認，今天本田技研工業公司之所以無法壯大，主因乃是過去擔任銷售工作的藤沢武夫先生的離去。同時他也提到他在創業初期的一則故事，當時因爲發展出很優良的摩托車，連帶其它製品的銷售情形也非常良好，可是卻由於貨款的收回一直很不順利，曾一度把公司逼入困境。

由此我們更可清楚地了解，現代的業務部門儼然已經是企業經營的中心了。現代企業的經營，不但需要依賴業務部門提供暢銷商品的企劃和開發等情報，而且也是投入資金最多，人員最優秀的部門。

所以今天的業務部，再也不是最無作爲者的收容所，相反地，它不僅是菁英的滙集所，而且是企業公司繼續生存下去的關鍵部門。每一個業務員在整個企業中都具有舉足輕重的影響，這是身爲業務員所足以自負和驕傲的。

2 唯有業務員才能了解顧客的真心

在物質缺乏的時代，大家往往毫無選擇地追求同一種東西。在糧食缺乏時，為了裹腹生存，必須有所犧牲，於是一切攸關榮辱的事都將可能成為無稽之談。因此一旦一個業務員有了不愁沒「飯」吃的安逸心理，那表示他不可能會竭盡心力，汲汲營營地來從事他的銷售工作。

這種現象並不一定只出現在「追求食糧」的時代。人的慾望是無窮的，進至溫飽的時代後，就開始追求「便利」，然後更進而追求生活的「精緻」。於是電氣製品取代了食物而成為時代的寵兒，曾幾何時名牌的商品又急速竄起，成為時代的新象徵。

在大家都追求同一種物品的時代裡，只要觀察部分人們的動向，就可掌握大致的消費傾向。可是，當企求「便利」「富庶」的慾望逐漸被滿足以後，人們的需求對象就變得多元化了。換句話說，需求已因人而異了。同是一件物品，有人可能奉為珍品，也有人可能棄之如敝屣。以大量生產來提供廉價物品的作法，已經無法滿足顧客的需求了。因為已到了需要取向的時代，只要是確實所需的物品，即使價格再貴，人們還是會不吝惜地購買。

由於每個顧客的需求各有不同，所以問卷式的調查也逐漸不太具有意義了。且因爲人們對物品不再具有強烈的切身感，即使肯接受問卷調查，其回答也是表面的多於眞心的，或隨便作答，根本無法取得事實的眞正趨向。

在這種情況下，想得到有關消費大衆的情報，那就非依靠業務員的情報網不可了。無論如何，業務員和消費者的接觸是最直接、最頻繁的，因此也是最有機會最常聽到消費者心聲的人。他接受顧客訂貨，偶而也必須挨顧客的罵，忍受顧客發牢騷，而這些都是發自顧客內心的眞心話。

一個能不斷推出暢銷物品的公司，必定從商品的企劃階段開始，就非常重視並採用業務員的意見。現代的業務員已不再只是單純地銷售公司的商品或轉手貨物而已，他不僅要確實掌握消費者的需求，也應要求公司生產容易銷售而又爲消費大衆所接受的物品。換言之，一個業務員必須具有情報的收集能力，以提供公司作爲經營方針。

3 積極的業務活動也具有招攬人才作用

通常人潮聚集的街角，大都是金融機構或保險公司爭相興建大樓的地點，也是報社或各大企業製作巨幅公司廣告看板的必爭之地。或許您曾懷疑有些企業爲什麼肯投下一大筆錢，來做一些跟促銷商品毫無關連的企業廣告呢？事實上他們這樣做的目的，就是爲了塑造提高企業的形象。

一個企業如果有一個好的社會形象，那麼大衆對其製造的商品信賴感也會大大地增高。所以一個看來只有企業公司名字的廣告，還是會收到商品廣告的效果。除了有助於商品促銷外，還具有吸收優秀人材的作用。根據就職動機的調查統計顯示，以「因爲那是一家有名的公司而去應徵」爲理由的人最多。

最近有些人找職業，已經不單是爲工作而就職，而是以企業知名度的高低，工作環境的好壞做決定。這些都是受企業形象的影響。

企業的形象越好，其所推出的產品就越能爲大衆接受，同時也越能招募到最優秀的人材。可是，如何提高企業的形象呢？除了前面所說的企業廣告外，還有一個非常具有影響力的是，企業的業務員本身。一個業務員給顧客的印象，具有左右企業形象的影響力。因業務員是企業與顧客直接觸的「媒體」，顧客對企業的評價，通常都是以他對業務員的觀感來類推的。

我目前所服務的保險公司就是這種類型。過去公司因爲形象很不好，所以一直都招不到好人才。有一陣子甚至來應徵的人，都是一些「不三不四」的人。可是，自從公司痛下決心實施業務員教育訓練，業務員本身才逐漸有所自覺而主動自組進修會，慢慢地隨著全體業務員的水準不斷地提升，終於產生許多優秀的業務人才。公司也因出現一些優秀並足以誇耀的好業務員後，吸引許多優秀的學士、碩士想以他們爲榜樣而來應徵。

因此業務員所造成的良好企業形象，也會爲企業招集到更好的人材。

4 唯一能生產利潤的部門

隨著科學的進步，企業的生產已經邁入自動化生產的境界，工廠不再迫切地需要那些——必須經過幾十年才能訓練培養出的熟練工人。因爲生產自動化的結果，工廠就無人化，而且不論在何處或何人，誰都可以製造出同樣型式的產品，同時所製造出來的產品，其品質也不會有太大的差別。

而事務部門也由於電腦的運用，而得以精簡人員。並且不管是新進的人員或資深的職員，只要能夠熟練電腦的操作，就有辦法做好同樣的工作。當然業務部門也由於電腦的導入而使得業務的處理更加簡便輕鬆了。

可是，唯有直接去接觸顧客推銷商品這項營業活動，再怎麼樣就是無法自動化。即使電腦能設定各種銷售管道，可是要使業務活動全面地自動化，那大概是永不可能的吧！因爲，畢竟推銷是以人來說服人的工作的。

假設二家公司的產品水準相當，在事務上的花費也一樣，那麼公司的營利會因爲什麼而出現差距呢？很顯然這要視業務人員的能力差別而定了。業務人員的能力一旦有了偏差，馬上就會直接使公司的營利顯現出差距。例如業務人員是否具有售清全部商品的能力，是否有順利地收回貨款的能力，這些都是影響公司營利最主要，而且是最直接的因素。另外，業務人員對公司應該購買或開發什麼類型的商品，如何企劃等意見，更是關係公司日後營運是否順暢茁壯的因素。

倘若一個公司的業務人員，業績一直積弱不振，那後果可就不堪設想了。因爲它馬上會影響到整體的營利，進而帶來經營的危機，甚至導至企業的結束。

因此身爲業務人員必須要有，我若不行動，公司的利益就無法確保的責任感和使命感才行。

5 要能開創新的策略

業務員要不斷地有新創意。例如，要會動腦筋使既有的商品再產生附加價值高的產品，或提出具體的商品開發意見。

既爲業務員與其老是抱怨商品賣不出去，不如積極地檢討，既成的商品是否有什麼新的附加價值，或另闢新的銷售管道。從各種不同的角度對既成的商品重新加以思考，或許會有前所未知的新發現。

某雜誌就曾刊載一家汽車修理工廠，創辦汽車租賃制度成功的事。

辦公室用的機器如影印機等，可利用長期租賃契約的方式；也有人開辦短時期計日或計程的出租汽車，可是却從來就沒有長期租賃汽車的事例。而汽車修理工廠僅是替車子做檢查、保養、修理，或順便代理車輛保險和新舊車買賣介紹。

每一家汽車工廠，無不希望任何與其有往來的車主，能夠把有關汽車的所有業務都委託給他們。於是有一家工廠就想出所謂的汽車租賃業務。亦即由工廠買來汽車，有代價地租給客人使用。因爲汽車是屬於工廠所有的，所以一切業務當然就由工廠自己來承辦了。

雖然這對汽車工廠來說，是需要積壓一筆相當龐大的資金，不過不失爲創造新的生意管道的妙策。

業務員如果想要抓住客人，就必須經常推陳出新的創造新策略。只要能投顧客所好，即使商品稍微貴一點，顧客還是會毫不猶豫地買下。

反之，如果業務員在銷售商品時老是墨守成規，將難以達到成功的促銷。因爲時代是不停地在往前變化的，落伍的人終將會被淘汰的。

業務員要找出客人的需求，並把它帶回公司，讓企劃部去擬定對應策略。而一個企業也唯有不斷地擁有支持他的顧客，企業的業績才能有所進步，才能繼續地茁壯、生存。因此，一個業務人員是必須要具備創造新事物、新策略的能力。

6 能力可用數字來顯示

有一些上班族經常會爲自己的實力，並沒有獲得相對的評價或重視而感嘆。有的人甚至因厭惡其主管，而覺得上班是一件苦差事。對一個業務員來說，這種煩惱是根本不會有的。業務員的實力，是可以用數字清楚地顯示出來的。因爲一切評價都是依據數字而來的，所以就不會有那種不被賞識之類的怨言。或許也有人要把自己的業績不見上升的事實，怪罪說是上司不給他支援。殊不知，能否獲得上司的支援這件事，事實上也是個人的實力之一。

或許有人雖努力在做，但業績却仍疲弱不振，這種情形大概是努力的方法錯誤，要不然就是努力還不夠。從客觀的角度來看，這種業務員大多缺乏集中力，做事抓不到重點，反做了太多毫無意義的活動。

能力用數字來顯示

業務員的實力、能力或努力等的評價，可以說都是來自其所接觸的顧客。顧客的評價就是業務員業績的數字（銷售商品的營業額）。至於上司的評價，那又是這以後的事了。

如何使顧客喜歡，這是一種能力。萬一對公司有所不滿，或與上司處不好，而使上班變得很痛苦，這時候業務員就可以提高數字的方法，使他的上司折服。如果能站在替消費者着想的立場來進行銷售活動，這種業務員就能受到消費顧客的喜愛，業績自然也會逐漸上升。業務員定要有「好，我就用業績的數字表現給你看」的觀念，因爲逆境就是提升能力最好的契機。

必須特別注意的是，當數字（業績）上升時，那些增加的數字，並不完全是因爲個人的能力或努力所造成的，因爲當顧客在評定一位營業人員的同時，他也會對其所屬的公司做評價。在公司或主管的眼裡，公司整體給外界的信用度，往往重於營業人員的實力，因此，營業人員的實力，往往被認爲是次要的因素。這也是造成有時評價並不能盡如人意的關鍵。無論如何，業務員一定要不斷地努力，砥礪自己要有「即使不靠公司的知名度或信用度，也有辦法做好銷售工作」的氣魄。也就是說，身爲一個業務員在本質上他須具有靠自己的力量，來完成銷售活動的「自我營業」要求。

7 以顧問的型態從事營業活動

如果有人把銷售活動，認爲那是到處向人低頭拜託請求的差事，那他對業務員的工作一定興趣缺缺吧！因爲浮現在他腦海中的業務員形象，只不過是個到處乞憐、哀求人家施捨的乞丐罷了！可是，我們若換一個角度思考，業務員是在扮演爲顧客推薦好東西、提供好意見，能使顧客的生活更舒適、更充滿喜悅的商談角色，這樣想，相信會使人有自尊、自豪的感覺吧！

對從事以「物品」來換錢的業務員來說，在目前物質如此豐富的時代，消費者的立場較占優勢。可是，如果業務員能夠隨時使既有的東西增加其附加價值，便是能推出「獨特商品」，則業務員就可取得絕對的優勢。所謂推出獨特商品，換句話說，就是使現有的東西增加用途，或額外爲顧客提供專門的情報等。

日本松下電器的松下幸之助，就曾寫過這樣的故事：有一次，在他上電視接受訪問、演說後不久，就接到一家還在邊界地區的眼鏡公司老闆的一封信。信中的內容是說，松下先生所戴的眼鏡跟他的臉型很不相稱。過去松下先生對自己所戴的眼鏡，並不覺得有什麼不合適，可是突然有專家這麼說，他心想或許那位眼鏡公司老闆的話是對的，於是就藉出差之便，順路去拜訪那家眼鏡公司。並聽了那位老闆進一步的解說，覺得很有道理，當場就換了一副眼鏡。而且從那時起，松下先生要買眼鏡就一定找那家眼鏡公司買。

雖然這是一則鼓勵人做生意時，要有熱心服務態度的例子，我認爲這又何嘗不是在教導業務員要如何拓展業務的教訓呢？

有很多消費者知道，買來的物品其實並不很實用，也不知道是否買貴，有的甚至爲不知如何挑選物品而大傷腦筋。因此，如果業務員能以專家的立場來爲顧客說明或做建議，那麼顧客必定會由衷的感謝吧！而這樣做不僅業務員感到驕傲，而且業績也必定會「節節上升」。

8 創造公司的形象

從直接與顧客接觸的事實來看，不可否認的，業務員是製造公司的形象。假如公司所派出的業務員個個都很有「水準」，那麼大家一定會想像這一定是很有規模的公司。相反地，如果業務員是一些古里古怪之輩，那麼商品將很難被接受，且公司的形象也會因此而大打折扣。所以，消費者對一家公司的印象，大都是透過與其直接接觸的業務員來做聯想的。

顏先生過去在保險業界素有保險大紅人之譽。他不但業績驚人，而且在公司或整個業界都扮演著極重要的角色。我之所以會認識顏先生，乃因一次我去拜訪某大企業，透過該企業的總務經理介紹而認識的。

當時那位經理還一直對我說，他們公司的同仁都受過顏先生的照顧，並一直很感謝顏先生的「教誨」。

原來其中曾有一段小故事。據說當初顏先生透過一家小銀行的介紹，到這家公司拉保險，當時總務經理因他是銀行介紹，不好意思拒絕，就投了一點小額保險。可是顏先生一看保險金額太少，竟當場對著經理叫說「什麼，您認爲你才值這麼一點價值嗎!?」而且拍著桌子把身爲一個大公司管理者的價值，從頭至尾地對他「訓」了一遍。結果，總務經理居然被折服了，爲公司管理階層的所有人員都投保。那位經理說「那時，我才第一次感受到一個眞正的業務員的偉大！」

由於一位業務員的優秀表現，使人對他所代表的公司產生絕大的信心，而終至願意全體投那家保險公司的保險，這正是業務員影響公司形象的好例子。

當然，宣傳廣告也是提升企業形象的好方法，不過要說影響最大、最快的，那就非「業務員的行爲」莫屬了！

第二章　業務員要做些什麼呢？

1 要使銷售活動具有穩定性

貨品出售後就不再理會顧客的交易方式，將是扼殺公司全面營業的禍源。因爲顧客的數目畢竟是有限的，而且現在物質豐富，競爭激烈，只要稍一疏忽，顧客很可能會被其他公司所搶走。所以不管是行銷管道的利用，或直接做當面促銷商品的業務員，對所有顧客都必須要不斷重複地做各種推銷工作。

換句話說就是，對曾經有過交易的顧客，要繼續地向他促銷同一種商品或不同的商品，乃至新產品或更高價的物品。

透過銷售的營業活動可以增進人際關係，進而使顧客的數目逐漸地增加。我想這也正是營業活動最吸引人的地方，而且業務員的努力是值得的。例如最初的第一年雖然很苦，可是到三年後這個努力的成果卓然可見，這不啻是讓人覺得很有工作成就感嗎？

假設商品的使用期限是三年，即每隔三年就會有新的銷售機會，那麼我們來算看看銷售業績如何演變。我們假設一個業務員，在最初的三年內每年的銷售業績是一〇〇件，而從第四年開始每年新獲得三〇個客戶：

一～三年　一〇〇件

四～六年　一三〇件

七～九年　一六〇件

如此下去到了第二十年，您知道結果會如何嗎？第二〇年會增加到二八〇件。那麼在這之間就有一八〇件是新客戶。累計的總銷售件數是三九九〇件。因爲二〇年內就增加了八一〇件的新客戶，所以即使最初做得很艱苦，可是到後來便可很輕鬆了。而且第四年以後的顧客，大概都是經由老客戶的介紹而獲得的。當然這其中可能也會有不再繼續接受促銷的客戶，因此會與實際的情形有出入，可是至少那也不是完全不可能達成的。

曾經有雜誌介紹過，一位汽車推銷員在十年內，總共賣出三〇〇〇台汽車的傳奇。即使高明如這位推銷員，其客戶也並非全是新客戶，而是由於他很會掌握老客戶對他們不斷地做重複推銷，才能創造出那麼輝煌的業績。

這也就是爲什麼保險人員年紀越大越活躍的道理了。

一個業務員必須自我建立，以自己的客戶爲中心的促銷路線。

2 要做好商品的宣傳

消費者對沒有用過或不熟悉的物品，通常缺乏親切感，有的甚至懷有恐懼感。

這種情形在心理實驗中尤其清楚。拿一張非常可愛的孩童臉部照片，然後把其中的一隻眼和嘴巴的位置對換，其原本的可愛頓時會消失殆盡。要是眞有人如此不就非常恐怖了嗎？電視上曾經做過品嘗世界各地奇異料理的節目，當那些採訪者要吃下一些前所未知的食物時，表情不也都顯得很奇怪嗎？例如像要他們吃「蟑螂料理」的時候，有的人甚至還沒有吃就吐了一地。由此可知人是很怕「生」的。

因此，當一個業務員要推銷新產品或改良過的產品時，一定莫忘了要經常替產品做宣傳。不但要把物品的特性、操作方法、安全等性質，詳詳細細的說淸楚，而且還要把樣品拿出來實際操作給顧客看。

有一位贏得打字比賽優勝的打字好手，應邀接受電視台的訪問時，使用打字機當場回答主持人的問題，可見其打字的速度確實是快得驚人。我相信只要看過該節目的人，今後若想買打字機，一定會選擇與那位優勝者同類型的機種吧！因爲優良的產品和示範，就是最好的宣傳廣告。

同樣地，據說在旅館內出售的糕餅食物，最暢銷的是那些具有當地特性（即土產）的物品。經常有人在百貨公司購物後，想託店員代寄物品，當向店員借筆寫下寄達的地址時，若那枝筆寫起來很順手，大多數的人就會有想要去買一枝同類型的筆之衝動吧！

業務員身上擁有可出示的每一項物品，其本身就可做爲一種宣傳，所以當在工作時，自己的一舉一動都必須十分地注意。

宣傳是不可害羞的，而且要隨時充滿自信。我有一個部下，就曾經做了一件給人印象深刻的事。

有一次當他在外拉保險的途中，剛好目擊到一起車禍。他靈機一動，當時就走過去對圍觀的群衆散發保險廣告。事後回到公司說出此事竟然被同事取笑，誰知事實上，他却因此接到了好幾件保險。

3 要收集情報

我們說過，雖然公司的情報收集是很重要的，但就一個業務員來說，商品情報的收集，更是不可或缺的事情。因爲只要比別人早一步得到情報，就可多做一筆生意。俗話說「先發制人」，銷售業務的世界本來就是這樣。

一個兼具領導身分的業務員，通常都掌握著許多可爲他收集情報的情報源。例如，有的是在大公司總務部內服務的人或某團體的幹部，或在銀行管帳目出入的人……等等。總之，凡是有辦法抓住情報的人，就是一個情報源。業務員有了情報以後再去拜訪顧客，談起生意來就很順利了。例如事先知道該顧客的興趣，拜訪時的談話就不會格格不入了。若又知道該顧客正有所煩惱，事前也可爲他準備一些解決之道，這樣做起生意時，顧客也很樂意給予支持。

整理顧客情報的卡片通常叫「顧客卡」，這是一個業務員最重要的基本財產，它可以讓業務員清楚而正確地掌握顧客的近況。

顧客卡的內容包括個人的情報和業務上的情報。

個人的情報是指姓名、住址、電話、生年月日、籍貫、學歷、上班處、職位、專長、嗜好、結婚紀念日及家庭狀況。業務上的情報則是指直接有關商品銷售的事項。例如顧客購買商品的日期、購買的動機或目的、預測顧客下次購買同一商品的日期，或對顧客的訪問記錄。

以上有關的情報，即使您直接開口詢問，顧客也未必會輕易給予答覆。因此收集這些情報時有一個秘訣，就是要多做訪問，並從每次的閒談中慢慢地套出實情。

收集情報是銷售的基礎

拜訪顧客並不只是爲推銷東西，有時應該有「拜訪是爲了情報收集」的心態和計劃才行。

4 要培養顧客

如何擁有好顧客，這對做業務的人來說是一件很重要的事。每個業務員都很希望自己能擁有更多而且更好的顧客，可是偏偏那些好的顧客，不是自己的前輩已在接觸中就是別家公司的客戶，所以經常會有好顧戶難求的喟嘆。

不過徒然羨慕別人有好客戶也不是辦法，身爲業務員，要想擁有眞正屬於自己的好客戶，就應該自己去創造去培養。畢竟那些現在被稱爲好客戶的人，並不見得剛開始時就那麼好的。

記得報紙曾刊載一則某家銀行職員的醜聞，其中有一段小插曲說，要是把那位職員一調職的話，可能就會有幾千萬元的儲金跟著變動。我想這一定是那位銀行職員，平日都能善待客戶，並且能掌握住客戶的緣故吧！

因此身爲業務員，平時與顧客接觸時就要抱持著培養「老主顧」的態度，儘量地給予各種需要的援助。

另外要注意的是，要想永遠掌握住一個好顧客，業務人員也必需要有相當的努力才行。而且隨著業務員能力的增強，顧客分佈的階層也會有變動。例如一個新進的業務員，他只能與一般的客戶接觸。如果勉強要他去應接一些水準比較高的客戶，非但生意會作不成，甚至會失去這位主顧客。可是一個新人經過多年的努力和磨練以後，就能逐漸地應接各種階層的客人了。總而言之，一個業務員不但要用心去培養好的顧客，而且還要不斷地努力求進步，否則即使苦心培養出好的顧客，久而久之也會因你無法滿足其需求，而變成其他業務員的顧客。

5 要教授商品的使用法

前不久某週刊雜誌報導說，某人興沖沖地買了一台電腦，可是却因不會操作而閒置到被老鼠弄壞了。這就是空有好東西却不知如何使用，結果反而浪費的好例證。

電腦如此其他商品亦然。如果有了一件商品但却不會使用，那無異就是一件廢物。因此一位好的推銷員，在向顧客推銷商品，尤其是新產品時，一定要把該商品的使用法仔細地教給顧客。這樣不但能使顧客了解商品的優點，同時也可以增加顧客對你的信心，進而成爲忠心的老主顧。

指導商品的使用法

如果是專向零售商推銷商品，推銷員除了要詳細說明商品的用法外，對於商品的陳列法也要儘量給予建議。以前批發商大多以宴會或旅遊等活動來招待零售商，可是現在招待零售商最好的方法，就是提供資訊，給他們專業訓練或教育。例如有一次舉辦文具零售商教育訓練時，講授商品的陳列法和銷售說話術的課，幾乎堂堂爆滿。本來嘛，在賣一支十元的辦公用原子筆和賣一支五百元的高級原子筆，它們的陳列法和對顧客的促銷法當然一定是不一樣的。而這也是一般零售業者最感到不足，而積極想要學習的事。因此一位推銷員在向他們推銷商品時，如果也能提供該商品最適當的促銷法，如此一來商品一旦賣得順利，零售商自然也就樂於經常而且大量向你訂貨。

一位成功的業務員，並非只要想辦法照公

司的指示，把商品變成錢就可以了。而是在推銷商品的同時，還要積極地向客戶提供商品的使用或應用法，最重要的是讓買下商品的客戶，對該商品有信心並從中得到最大的滿足感。簡言之，一位成功的業務員，不但要會推銷商品，而且還要是一位經營或技術指導的顧問。

6 要建立銷售組織

「請大家告訴大家」「請客戶介紹客戶」，能夠做到這樣的「連鎖性」銷售系統或組織，才是銷售活動的極致。

把常往來的顧客組織起來，使業務成績穩定地成長，這大概是每個業務員夢寐以求的事吧！實際上卻是很難令人如願以償。因爲一位業務員爲了提高業績而組織客戶時，往往會因求功心切，反而招致顧客的反感。

組織客戶並且要讓它產生效果，這是需要時間和一些投資的。因爲顧客大都是外行人，必需給予適當的教育。教育他如何推銷或介紹商品，同時要激發他推銷商品的意願。

舉辦有關專業知識的進修會，這是組織客戶的好方法之一。透過定期的餐會，也可以增進彼此的人際關係。或者是設立一個能讓大家彼此交換各種行業情報的場所……等。

當這些活動令客戶覺得有所助益時，客戶相對地也會對促成這些場合的業務員給予協助。我所參加的各種「客戶組織會」中，有些是由商品製造廠商直接促成的，可是絕大多數是由業務員爲感謝顧客的支持而舉辦的。然而儘管最初的動機是在感謝顧客，但結果往往是顧客都成爲推展業務的助手。

有位人壽保險公司的業務員組織了一個讀書會。會員每個月聚會一次，會後又一起聚餐小飲一番。據說經過四年，會員總數超過了四百人。發起讀書會的那位業務員在安排活動上雖然很累，可是他的業績却也因此一直保持著穩定的成長。同時該會的會員彼此又利用讀書會的機會結合同好，或尋找生意機會，使得每個人都不願意主動退會。

只要建立完整的銷售組織網，原本憑一已之力無法完成的事，仍然可輕鬆地完成。

7　要會收回貨款

販賣商品，收回貨款，這是理所當然的事。但業務員都清楚，這原是理所當然的，實際上却是困難重重。

只把商品交到客戶的手上，還不算是成功的交易，交易的完成應該是在收到貨款之後。所以業務員在極力推銷商品之後，還要注意收取貨款的事。例如「貨款什麼時候付都沒有關係啦！」這種話是最要不得的。業務員在貨送達後，至少要向客戶提出收取貨款的確定日期，譬如「每個月的二十五日是公司規定要收貨款的日期，屆時敬請惠予合作！」

另外在下列三種情形時，經常發生衝突：

①業務員本身太急著要表現業績的時候。

②顧客的意圖仍不明時就留下商品的時候。

③顧客有意詐欺的時候。

某機械五金批發商的老闆就說過一段故事：

有一次某業務員新開發一個客戶，大家都非常高興，可是仔細檢討的結果，發現該客戶的訂貨狀況有點奇怪，因爲這位客戶好像每一種類的五金用品都有訂單，於是他就問負責的業務員，可是那位業務員却很自豪地說，那是因爲該客戶把所有的生意都交給他的緣故。當老闆開始發覺情況眞的有所不對時，事情已經無法挽回了。前後才三個月就被那位客戶騙了五、六百萬，因爲到頭來貨款一毛也收不回來。

由於一個業務員的「不愼」，好好的公司可能會因此一敗塗地。因此身爲業務員一定要有這層認識，要隨時注意收回貨款的問題。

8 要推銷自己的公司

有人說推銷員推銷他的商品之前，先要推銷自己。這話說得不錯，可是我還要補充一點，就是推銷員在推銷自己的同時，也要推銷他所屬的公司。

推銷員個人給人的信賴感加上所屬公司給人的信用度，會產生相乘的效果而使商品更易推銷。

某製藥公司爲他的中盤商舉辦了一次研習會並請我去講課。因爲那是製藥公司爲促銷而舉辦的研習會，所以我一邊講解行銷術和說話技巧，一邊很自然地以該製藥公司的商品爲例輔助說明。

在我開始講課前，公司的副董事長和營業經理也各別上台致詞。本來我以爲營業經理可能會藉機大大地做一番商品宣傳，但事實却不然。他在簡單地自我介紹後，就簡述該公司的歷史，並用公司、工廠的照片來說明，同時用影片介紹公司受歡迎的各項產品，而且還一邊誇讚他所服務的公司是多麼地好，又多麼地有信用，最後才提出要請大家協助推銷的商品。

在他短短不到十分鐘的簡介後，不禁令人對他及他所服務的製藥公司，都留下了深刻的印象。

向別人展現自己的同時，也能便利地使用公司商品，這是推銷商品的好方法。看到別人使用順利方便的產品。也會想要嘗試使用，這是人之常情。另外，由公司主辦各種活動或展示製造現場或由公司負責人親自說明……等等，這些都會讓人感到無比的親切。不過要使人對公司留下深刻印象，最重要的還是業務員本身的現身說法。

第三章　業務員必備的條件

1 要引起顧客共鳴

業務員的作風各有不同。不過凡是優秀的業務員，都有一個共通的特點，就是談話時容易引起顧客共鳴。俗話說「要會說話也要會聽話」，一個能讓顧客盡情發言的業務員，必定也具有能完整表達自己的能力。

讓顧客能暢所欲言，但只做忠實的聽衆那是不行的，至少這還需要如下的幾項努力：

1. 話不可說得過頭

人爲要說服別人，常會有把話說過頭的傾向。當一個業務員滔滔不絕地爲商品做推銷時，顧客一定是靜聽的。所以，想要讓顧客開口說話，首先就是業務員先閉上嘴。但從頭到尾都不開口也會令人受不了的，所以在附和或提起話題時，業務員還是要多少講一點話的。

2. 談話要從顧客有興趣的事說起

談論的話題如果正是顧客的興趣所在，一定會很樂意談論。說不定話匣子一開就會說出一些情報，所以最好是從那些輕鬆愉快容易發表的事說起，再慢慢地把話題轉到正題上。像嗜好、故鄉的近況或有關職業上的消息，這些都是很好的話題。

3.聽話時是邊聽邊給予反應

聽別人說話，若能適時的反應或回答，說話的人才會說得起勁。因此當顧客在談話時，業務員應有所回應。應答的方式則包括態度、聲音或言語上的回答等。

4.提出親自體驗的事實來刺激對方

雖然要多讓顧客發表意見，讓他暢所欲言，但是業務員也要適時地提出自己的體驗，來徵求對方的同意或讓他反駁，重新刺激談話的高潮，避免話題結束的尷尬。

5.偶而要提出疑問

業務員直截了當地向顧客詢問想要知道的事情，這也是一種很好的方法。詢問的秘訣是，問的問題要清楚，讓回答的人能掌握問題點回答。

6.要能抓住顧客的本意

業務員要了解顧客內心的眞意，除了聽顧客的談話外，還要從其他方面去注意，譬如他的動作或表情。假如自己說話時別人都能聽得懂並聽得進去，就會感到高興而願意繼續說下去。

2 對顧客的話題要表示同感

不管顧客在談什麼，都要表現出亦有同感的態度。聽到顧客在談他充滿喜悅的經歷時，就要跟他一起高興，若說的是他的傷心事，也要爲他感到悲傷。讓顧客覺得你就是他的「知音」，使他對你產生好感。

對顧客的談話，要表現出感同身受的態度，這一點可從平時的注意和談話時的技巧來努力。

1.平時的努力

所謂同感，並不是對於談話內容知性的接受，而是感情上的共鳴，所以業務員平時就要訓練用感情移入的方式來聽對方說話，千萬不要用理性來判斷別人講話的內容。

要做這種訓練，首先最好談一些會令人不禁發笑或感動流淚的書。接著就是去找會刺激感情的雜誌報導或電視、電影來看。並要養成細心觀察各種事物的習慣，因爲許多看似理所當然的事物往往蘊藏著令人意想不到的趣味。

這些方法就是要磨練一個人的感性。人的感性越是不磨練會越遲鈍的。

2.談話當場的技巧

一個基本原則，就是聽顧客談話時，不可中途離去。

即使覺得談話實在很無聊，但請記住，那畢竟只是你個人的感想，對那位顧客來說，談的正是跟他生死攸關的大事呀！這個世界是沒有所謂「無聊的話」，而只有會覺得「無聊的人」呀！

而當顧客的談話讓你有同感的地方，就要直截地把那共鳴的情緒用言語表現出來，這樣自己也會漸漸地變得有興趣起來。

3 要會讚美顧客

無論是誰，在內心深處無時無刻不在期待別人的褒獎讚美。雖然有人將讚美譏諷爲是在拍馬屁，但不論如何，讚美的話聽起來總是令人歡喜。受到讚美的顧客一定也會對讚美他的業務員表示好感。

表面上看，讚美別人好像很簡單，事實上要做得恰到好處，並不如想像中容易。好話說多了，會認爲那不過是場面話，甚至令人感到噁心、招致反感。下面就是幾個要讚美別人時，需要注意的原則：

1.要找出值得加以讚美的事實

如果沒有任何值得褒揚讚美的事實，就千萬不要亂加讚美。那要如何才能找到值得褒揚的事呢？這可從下列幾點來觀察：

- 對方正在努力做的事及其成果。
- 對方老是在意的衣飾或其擁有的東西。
- 有關房屋的各種設計或裝飾。
- 身材或其打扮。
- 有關對方的家人或寵物的事等等。

2.要用言語清楚地把事實說出來

例如只說「這條領帶好棒呀！」這樣到底領帶是好在哪裡則莫名其妙。所以若是要讚美顏色好，就最好稱讚他很有選擇顏色的眼光等等。例如我們可以這樣讚美他：「哇！這條領帶是您自己選的嗎？顏色跟您很相稱，眞是有眼光。」如此一來，對方一定會很高興地接受讚美。

3.要把握時機

錯過時機或時機不對，有時讚美甚至會得到反效果。例如看到別人穿著新衣，但卻直說他上禮拜穿的洋裝實在好看，你想這時別人心中會高興嗎？同樣地，對不在場的人過分地褒讚，豈不是會讓在場的其他人，認為你是覺得他們不好嗎？

4.適可而止

通常人在受到讚美的時候，大多會表示謙虛，甚至說一些與讚美詞正好相反的話。在這種情況下，並不需要再加以反駁，因為如果太過分強調自己的讚美詞，很可能會造成彼此在感情上的對立，導致不愉快的結局。

4 要會創造人際關係

一個業務員，如果沒有辦法和每個他所認識的人，建立良好的人際關係，將無法順利地推展他的工作。

建立人際關係的能力，對業務員來說，是不可或缺的條件。不但要把握談得來的顧客，而且和那些談不來的顧客也要維持良好的關係。

要建立良好的人際關係，首先應有的基本心態就是「要尊重對方」。要尊重對方的存在，重視對方的努力，重視對方的吩咐。至於具體的做法則有下列幾點：

人際關係很重要

1.要喜歡對方

很多人經常會以初見面的第一印象，來斷定喜歡或討厭對方，可是人並不是都那麼單純的。有人在初次見面時，或許不很友善或不討人喜歡，可是交往久了才發現他是一位眞正的好人。因此千萬不要光憑第一印象來判斷人，而要慢慢地努力去發掘對方的優點。

2.要積極主動地打招呼

尊重對方最起碼的表現，是主動與對方打招呼。尤其業務員，如果不能主動地向客人招呼問好，很容易被誤認爲是驕傲、耍威風、看不起人，而招致反感。因此打招呼必須注意下列各項原則：

- 要顯得開朗，有誠意的樣子。
- 要隨時隨地保持親切的態度。
- 要先向對方打招呼。
- 要持續不斷。

3.讓人覺得舒服的回答

對於客人的吩咐要表示極端地重視，及時給以回答。這時必須注意如下的要點：

- 聲音要爽朗。
- 要馬上有所反應。

● 要誠心地接受。
● 答話時要看著對方。

5 要會藉日常會話來加深人際關係

每次跟顧客見面都只談有關交易上的事，日久會令人討厭的。因此，有時候應該找些日常性話題「閒聊」，這樣反而有助於人際關係的增長。

但即使是閒聊，也一定要符合對方的胃口。因此所談的話題最好要注意下列幾點：

1. 話題要具有共通性

親密的朋友在一起聊天之所以會很快樂，那是因爲他們的話題具有共通性，彼此都了解的緣故。和學生時代的朋友在一起總可以處得很愉快，那也是因爲擁有很多共通的話題可談。可是對一個初見面的顧客，就很難有共通的話題了。因此下列幾種話題或許可拿來應急：

● 談一些旅行計畫或旅行的經驗談。
● 談過去值得懷念的人、事、物。

- 有關出身地、曾就學的學校或有關工作上的事。
- 季節、氣候。
- 朋友之間的狀況。
- 家人的狀況。
- 社會新聞。
- 穿着或最新流行的趨勢。
- 有關吃的方面。
- 房子或住家環境的事。

2.談話的態度要顯得專注愼重

要讓對方覺得你講的話很有誠意，同時也很注意地在聽他談話。因此在表現上要注意到下列各點：

- 姿勢要略爲前傾。
- 要以和善的眼光注視對方的臉。
- 不可以把兩手交叉擺在胸前。
- 要注意脚不可亂動。
- 手不可亂動。

3. 對方談話中要給予適當的應和

兩人談話如果只是由一方說，而另一方默不吭聲地聽，那麼這場話局再怎麼也提不起勁來。業務員與顧客談話時，原則上是要少說多聽，但為避免談話冷場，對於客人的談話則要給予適當的應和。應和別人話語的方法，可大分為下列三種：

●完全認同的應和法

譬如用「說的也是！」「嗯，是呀！」「就是說嘛！」「那太好了！」「唉呀！這眞了不起」……等話來應和。

●反對的應和法

譬如說「你沒騙我吧！」「這眞叫人不可思議！」……等等。

●轉換話題的應和法

譬如說「不過，話說回來，像……」「呀！對了！就像……」等。

6 談話要明瞭易懂

業務員與顧客講的事情，大多是顧客前所未聞或與其想法相異的事，因此也比較令他難以馬上透徹地理解，所以業務員必須訓練自己，簡單明瞭地傳達事物的能力。而這種能力的養成可從下列幾點來訓練：

1.要抓住事情的重點

業務員對事情的解說如果太冗長繁雜，別人不容易明白。所以，最好只說要點，並按順序地逐條說明。

2.要使用大家都聽得懂的言詞

業務員在推銷商品時，一些專門術語經常會脫口而出，那些專門術語，一般人却很難接受。因此最好儘量以大家日常使用的口語來說明，這樣不但聽的人容易接受也會覺得很有親切感。

3.要事先向顧客做預告

說話時爲了要吸引顧客的注意力，有時必須事先做提示性的話語，這樣顧客才會集中注意力。

例如在介紹商品的特徵時可以這樣地說：「本產品有一、二、三、三項特徵，第一就是……」

4.說話要有順序

解說商品的順序原則如下：

● 依照時間經過的順序。
● 依照因果關係的順序。
● 先強調現狀，然後說出改良點的順序。
● 由整體而部分地說明順序。

5. 說話要具體

說話時最好能拿出實物或模型、相片等做佐證。另外舉出統計報告或說一說經驗，這也是很具體的說明方法。例如「根據統計，幾乎已經有60％以上的家庭，開始使用這種產品……」客人一聽這種話一定會有「哇！這種東西還眞暢銷呀！」

6. 要隨時確認顧客是否聽懂

若顧客對前面的談話並不完全了解，而你仍說個不停，最後顧客一定聽不下去。

7. 最後還要做總確認

向顧客確認他到底了解了什麼事。

7 談話要具說服力

營業是一種要說服顧客的工作，所以業務員必須要具備說服力。一談到「說服」，一般都誤認爲是利用強辯讓別人聽從自己的意見。其實說服應該是讓對方產生興趣，興起念頭，絕無強詞奪理或強迫的意思。

說服的原動力在於說話者的熱心和誠意。只要具有無論如何也要想辦法讓對方了解的心情和行動，自然就會產生說服力。但說服必須講求方法，不當或不好的方法，不僅無法把本身的誠意傳達給對方，甚至還會破壞彼此的關係，可見說服的方法是多麼的重要。

業務員在說服顧客購買商品時，尤其需要注意說服的方法。下列幾點即需要注意的事項：

1.對自己所做的事要有絕對的自信

唯有對自己充滿自信才能激起無畏困難的幹勁，且必須先有自信而才能使人相信。

2.要有利潤觀念

首先請先想想個人有什麼利益。只要想到完成這件事後即可得到利益，那麼即使中途遇有困難也必設法加以克服。有一位從事保險工作的業務員告訴我，他之所以那麼辛勤努力的動機是，一來拉保險時經常會遇到一些對自己有幫助的機會，另一方面是除了薪水外，還有一筆優渥的佣金。俗話說：「重賞之下必有勇夫」這位業務員就是爲了「重賞」才拼命工作的。

除了考慮利益外，若能再想想這個工作將會給社會帶來多少的貢獻，這樣會更有工作的幹勁。

3.要把希望明確告訴顧客

在交易時，多數人通常都不會把自己的要求，很明確地說出來。如果推銷員不能明確地說出要求，顧客常會以本身的方便來做決定，形成推銷員的困擾，所以在向顧客推銷東西時，最好能向顧客明確地說你的希望。例如「希望這次您能訂購5件這種商品……」。

4.要讓顧客覺得佔便宜

假如能讓顧客覺得，買下商品是對他最有利的事，那他就會毫不猶豫地想買。因此必須多強調商品的價值，使它符合或超過顧客心中的判斷。

8 要會轉換氣氛

做生意的對象是人，所以常因被消遣、欺騙或無法順心遂願的事情，使情緒變得鬱悶消沉，在這種情況下是無法做好工作的。事實上，過去的已經過去，煩惱又何用，最重要是應該把握現在，計畫未來。

我初次進入公司服務時，上司曾經講了一個令我印象深刻的故事。故事的名稱叫「不要做一隻服輸的狗」。

「有一隻大狗，首先在牠的頸子綁上繩索，再將繩索綁在柱子上使其無法自由移動。然後拿一根棒子往狗的身上抽打。剛開始這條狗又咬又吠地加以反抗，可是當牠知道抵抗並無濟於事時，就開始想逃。這時還是用棒子繼續地打。狗又知道逃不了了，於是最後只好縮著尾巴趴伏在地上。

這時再把繩子解開，讓那條狗能自由活動，可是您將發現狗仍然趴伏在那裡，甚至再用棒子打牠，也不會有要逃脫的意圖。因爲牠的戰鬥意志已經完全消失了！牠已經完全絕望了。而這就是一條服輸了的狗之姿態。

各位這是絕對不可以的。身爲業務員必須無論如何都要保持著備戰的態勢。不管有任何困難，應該要想辦法去解決繼續與困難戰鬥下去……」。

自從聽過上司這一番話後，每當我稍有挫折感的時候，就會不自覺地想起這個故事，並激勵自己，重新燃起繼續拼鬥下去的意志。

儘速地轉換心情，爲達成下個目標而努力，這是一個業務員應有的自覺。例如一個挨家挨戶推銷商品的業務員，如果因爲被前一家拒絕，就扳著臉孔繼續到下一家去做推銷，那他的生意一定還是會做不成的。因爲在按下一家的門鈴之前，不把那些不愉快的心情掃除是不行的。這時可以先做幾次深呼吸，然後多走一段路，讓時間來平息心中的晦氣。回到辦公室以後，還要再策劃下次的推銷方法，這樣將會使自己更有勇氣。有時找朋友出來喝酒，在喝酒中向朋友請益這也是很好的方法。

總之，一個開朗、樂天的業務員，才能隨時受到客人的歡迎！

第四章　業務員應有的儀態

1 服裝和髮型的整理方法

業務員和顧客接觸時，顧客第一眼看到的就是業務員的外表，是否清潔、搭配是否得體、感覺是否良好，是否老實，是否可靠有信用……。根據這些所謂的「第一印象」再決定要不要聽業務員講話。如果一開始就看不順眼，一定不會想跟業務員交談。即使勉強聽，不好的第一印象也終會使結果大打折扣的！因此，業務員對於外表的裝扮應該要多加注意才行。

1.有關髮型的整理要點（男性）

要清潔（髮中沒有穢物、頭皮屑……等），不可太長（前髮不超過眉毛，兩旁不超過耳際，後面不超過衣領）、不可零亂，要梳理得平整。

2.服裝的整理要點

西裝、襯衫、領帶的顏色和樣式要協調相稱。西裝要燙平（西裝褲的褲管線，上衣的衣領和袖子等）。襯衫的領子和袖口要燙平。鞋子要擦亮。襪子和褲子的色調要一致。

頭髮要平整清潔
西裝、襯衫、領帶的顏色和樣式要相稱
領子、袖口要燙平
褲管線要清楚地燙出來
襪子要和褲子同顏色
鞋子要擦亮

服裝和髮型應整理得體

2 拜訪顧客的態度

與顧客打招呼時，除了要用充滿精神的話語外，還應加上行禮致敬。

1. 感覺良好的行禮方式

行禮時依照身體的彎曲度，分為打招呼（十五度）、敬禮（三十度）、最敬禮（四五度）三種。最常使用的是敬禮。一般說來，當業務員進入室內遞換名片時，只需用打招呼式的行禮。要向對方道謝時，則用最敬禮。然而，不論採何種方式，最基本的原則是身體要保持直立的姿勢，並彎曲腰部。行禮完畢要恢復原狀時，動作應要緩慢。簡單地說，行禮的秘訣就是確實地鞠躬而緩慢地挺直上身。

2. 打招呼用語

初次去拜訪的情形：您好，我是××公司負責這地區推銷業務的×××，請多多指教。

經過事先預約再去拜訪的情形：您好！我是前天打電話說要來拜訪您的××公司×××，請多多指教。

行禮的種類

經常去做拜訪的情形：××老闆您好！上次謝謝您的訂購，今天又要再來打擾您。

3.坐的方法

與顧客坐着交談的時候，要注意坐姿、腰部要用力，背部要挺直，而且要專注，不可毛毛躁躁地亂動。

3 外衣或皮包的處理方法

一般說來，業務員對進入室內後脫下的外衣和攜帶的公事包，常有不知如何處理的困擾。

當室內拜訪需要脫下外衣時，最好在進門前先脫下。脫下的上衣就掛到掛衣架上或折疊好擺在座位旁就好了。如果去拜訪的公司機關有處理衣物的專人，則可大大方方地把上衣交給他。

拜訪客戶時，不需要的東西就不要帶。和洽談事務沒有直接關係的東西，更不應一起帶到座位上去。譬如要帶到其他公司的物品，最好是寄放在大樓的保險櫃，或請服務人員暫時保管。至少也應將東西擺放在門口再進屋內。

隨身攜帶的皮包最好是擺放在脚邊。要從皮包中取文件或商品時，應該把皮包提放在膝上。

另外若是被接待坐在長沙發椅時，皮包則應該擺在靠近入口處的脚落邊。

4 業務員遞名片的方法

名片是業務員最大的武器，因此甚至有人爲了製作一張名片而挖空心思。當然別出心裁的名片是很有效果的，但如何遞名片這也是門很大的學問。

名片代表著業務員身份，所以應該隨時保持清潔。每天出門前一定要檢查名片，有汚損的要加以剔除。

要將名片遞給別人時，請用右手拇指和其餘四指夾住，不要遮到印刷字，呈平行或由下往上的態勢遞向對方。並以對方可以順利讀出名片上的字爲原則。

接受名片時，要用兩手，右手手指伸平而左手撐付著。如果是同時交換名片的時候，則用右手遞出名片，左手接受對方的名片。其中有一個秘訣是右手和左手要儘可能接近。

接到名片後要表現出很愼重的樣子。先把名片上的名字確認一下，然後放進名片匣。如果對方人很多，一下子恐怕記不住誰是誰，這時可暫且把名片放在桌子上，然後把名字和該人做一次

遞名片的方法

對照並加以暗記。

另外如果兩人以上要一起交換名片，要由地位高的人先交換起。

5 權變的介紹方法

如果您想請別人替你寫一張正式的介紹函，常會得到失望的結果。一來這似乎太正式而使人心生畏懼，再則也太麻煩了。除非眞有必要，否則採取一些變通的辦法也會有同樣效果的。一般介紹的方法有下列幾種：

①請熟識者答應藉用他的名字。
②請用電話做事先連絡。
③拿著介紹者在名片上的題字。

④寫正式的介紹信。

⑤與介紹者一起前去詢問。

其中以第一項請介紹者答應使用他的名字去做推銷，這種方法最爲簡單。不過這又該如何做呢？以下就是其步驟：

①首先要找出介紹人，這可從你的人際關係的資料中去尋找。

②接著先去拜訪那位準介紹人，表明意圖。這時候要注意特別強調，決不會給他添上任何麻煩。

③先確認準介紹者和你想去拜訪那個人的關係，然後再考慮要怎麼編造你和準介紹者的關係。

④拜訪前再用電話，很扼要、技巧地讓對方知道，你跟介紹者是有很親近的關係等，例如說「我經常在這次爲我做介紹的陳先生家中出入……」。

⑤要極力避免發生麻煩的事。

6 就座的方法

在接客室內的坐法

通常座位有上、下座之分，所以對於應坐在哪裡的問題必須要注意。

在會客室內，通常都是擺設全套的沙發坐椅（有長條型沙發和單座式沙發），這時，距離長條型沙發入口最遠的一端就是上座。如果是在等待接見的時候，就應該坐在長條型沙發的下座。聽到有人敲門進來，就應該馬上站起來打招呼。接著只要依照對方的指示就可以了。

如果所進入的房間擺有辦公桌和接待客人的桌椅，則離辦公桌最遠處就是接待處。若不曉得該如何坐時，就先坐在可面向對方進來的座位。因爲這樣可以馬上看到對方的到來，而做各種必要的對應和招呼。

日本式的房間其最上座的地方，是壁龕的柱子的前面。

如果房間內設有表演台，則舞台的正面就是最上座的地方。

和別人一起搭計程車時，駕駛的正後方是主位。所以應該請對方先上車。三個人一起時，自己要坐在駕駛旁邊的助手席，那是最小的位置。

自己開車時，可以請客人坐在助手席。若對方是異性時，則可請她（他）坐在後座，這樣可避免彼此尷尬或產生不必要的壓力。

7 打電話的方法

打電話前要注意下列幾點：

①先確定對象，並想好如果對方不在要怎麼辦。

②想好什麼時候要約對方見面。

③要想辦法有技巧地做自我介紹。如果是透過別人介紹的，則要事先想好如何說明和介紹者的關係。

④要考慮應該怎麼說明用意，而使對方感到興趣。

⑤對自己要有信心，事先考慮會被拒絕的可能性。假如你認爲50通電話內將會有3通可以成功，那麼即使打了47通電話都被拒絕時，也不可灰心地放棄最後三通。

此外電話撥通之後還要注意下列各點：

①確認對方來聽電話。例如「喂！對不起，敝姓林，請問××先生（小姐）在嗎？」

②對方來接電話以後，馬上重新自我介紹並打招呼。「我是××公司的林××。今天很冒昧

地打電話打擾您……」

③說明用意。「很冒昧地想懇請您，明天是否能撥幾分鐘讓我去拜訪您……」

④掛斷電話時不要忘了道謝。同時應該讓客人先切斷電話。「那麼我就明天十時去打擾您，請多多指教。謝謝您！」

第五章　如何挑選訪問的對象

1 掌握顧客的人數

在經濟高度成長的時代裡，到處都有消費者，所以業務員只要肯努力地尋找就不愁沒有顧客。換言之，業務員在進行商品的宣傳時，就等於是在做尋找顧客的努力。只要能碰上幾位客人，業績上升就會有希望了。簡單地說，做生意靠的是一雙脚，只要肯走就可以賺錢。

但是目前的環境改變了，光是尋找顧客，已經無法完成推銷的工作。現在的業務員要得到客戶，除了要靠尋找外，還要靠「培養」才行。

談到顧客的「培養」，必須有一個先決條件，就是其對象的人數是有所限定的。因爲從尋找適合的對象，到培養成自己的顧客，這是需要相當的時間、心力和金錢的。

一個新的業務員如果一直認爲「顧客是無處不有」，那他的業績一定不會很好。換句話說，新進的業務員要使業績有所提升，一定要選定顧客的範圍並專注的努力。「選定」包含有淘汰或放棄某些部分的意思。因爲唯有如此，才能使每一次的業務活動更具有效率。

一位業務員到底能夠「培養」多少位顧客？這是很難給予定論的問題，會因業務員的能力，商品的性質，顧客選定的觀點而有所變動的。

因此要隨時衡量個人的能力，提高商品的品質和價值，不斷地淘汰劣客爭取良客，這樣才能保證業績蒸蒸日上。

2 根據名冊來尋找顧客

要選定過濾顧客的基本原則是要先有名冊。名冊的來源可找現成的，或自己製作。找現成名冊最快方法，是向有關廣告公司購買所需要的資料。不過這種名冊有一個缺點，因為它是營利性的，所以資料都過於龐雜。

另外可從俱樂部或社團組織、學校畢業册上著手，這些名冊上的個人資料可能比較詳細，例如一看就知道其籍貫、年齡、生年月日……等，同時它還有一個好處，就是只要其中有人成為客戶，我們就可以利用這個人和其他人是同學、會友等關係來擴展業務。

不過如果是要做地區性或專門性的業務開拓，電話簿則是一個非常重要的名冊來源。

至於自己製作的名冊，則可經由訪問或動員工讀生或僱請專門調查人員來做。

由此看來名册幾乎是無處不有，問題是我們必須要從衆多的名册中，再整理過濾出適合所需的資料，另外滙集成册，以做爲業務推展活動的根據。

3 選出有可能推銷成功的顧客

沒有選擇的到處推銷訪問，其效果一定不會太好。欲使推銷業務順利，最重要的是必須仔細選擇推銷的對象。挑選顧客的原則有以下幾點：

1. 想要該商品的人

首先必須考慮，有那些人想要現正推銷的東西。要注意的一點是「想要的人」和「需要的人」是有所不同的。有很多情況「需要的人」並不見得會是「顧客」的人選。甚至如果考慮到「誰來付錢」的問題，那就又更複雜了。

例如一件適合不能下床的老人之商品，那麼會購買這商品的顧客，就不是直接使用這件商品的老人，而應該是在照顧老人的那些人。不過若只向看護者推銷，那對象則又太少了，這時必須想想看有誰會出錢來買這種東西。於是我們可以向社會救濟機構推銷，且醫院或護士等等，也都可以列入銷售的對象。因此，身爲商品的推銷員應要經常想「有誰想要」的問題。

2.潛在意識裏想要的人

例如有關房子的事。「以後孩子長大了，現在的家可能就會太小了吧！」這是大多數人都有的煩惱吧！可是到底是要換一間比較大的房子，或者是繼續忍耐下去呢？這就是推銷員的機會了。

3.和目前既有客戶同樣的人

每種商品在開發時，都會設定某一類的特定顧客。但或多或少也會有一些其他的人喜歡這些產品。

因此，只要分析現有的顧客群，必可以歸納出其共有的傾向。抓住顧客共同的傾向後，就可以把對象擴展到凡是具有該傾向的人身上去。

例如針對喜歡用電燈泡做裝潢的服飾店，設計出可以節約用電的替代品，一旦推出後，凡是想要節約用電的商店，不也都有可能成爲顧客的對象之一嗎!?

4 限定推銷的地區

一個最有效率的業務活動其條件是，能夠在一個最狹窄的地區內擁有最多的顧客。如果顧客分佈太過零散，光是路程往返，就要佔去大部分的工作時間了。因此推銷工作應儘可能設定在小地區，這樣才能使拜訪顧客的時間增多。尤其是以上班族爲銷售的對象時，最好要先做好區域範圍的設定。

從「培養」顧客的觀點來看，活動地區範圍的設定，無形中可使業務員有時間多拜訪幾位顧客，並且對情報的收集，顧客動態的掌握，也都比較有利。

對一定地區顧客的情況，有相當的了解以後，就可將顧客的分佈做成顏色區分圖。用不同的顏色把屬於自己的顧客，別家公司的顧客，同時與自己和別家公司都有來往的顧客，尚未被開發的顧客……等區分出來。以後進行業務活動時，

限定推銷的地區

就可以分別設法對應。

對已是自己顧客者，要進一步設法使他成爲肯幫忙推銷的助手，對本來是別人客戶者，則要設法讓他接受我們的推銷……等，這樣才能使推銷的活動更具效率。

5 善用公司的各種連繫關係

企業是無法單獨生存的。至少它必須有進貨的上家和銷售商品的下家。另外，銀行的往來也是不可少的。同時，它也兼具著製造和接受訂購的角色。

因此，企業可以說是建立在各種連繫的關係上。如果能善加運用這各種連繫的關係，對推銷產品將具有莫大的幫助。

例如可請處理公司金錢進出的銀行，介紹其他公司的負責人或需要我們產品的客戶，這樣推銷的業務就可以迅速地做橫向的擴展。

又例如我們也可利用大公司的下游工廠，或與其來往的客戶做基點，進行推銷業務的縱向發展。

利用這種關係來做推銷工作時還有一個好處，因爲大家幾乎都是處在同一系統中，所以很容易因「同伴意識」而產生要「互相照顧」「互相捧場」的心態，使得推銷業務能夠順利推展，而且大家也可能因此保持更親密的關係。

6 要會利用社團

每個地區，或多或少都會有所謂的「社團」。雖然其活躍的程度是有所差別，但只要有社團就會有社員的。

社團的組成，有的是爲某種共同的興趣，有的則是爲了聚合某些人來做活動。不過對於社員來說，社團還具有一種促使互相幫助、互相親睦的作用。所以，業務活動若能夠配合它來做的話，則必能獲得社團的幫助。

推銷業務活動時，現在大都是儘可能地利用社團進行。社團的辦公室不但可當做代理店，甚至可代爲處理簡單業務或做爲連絡站。可以撥出一些利潤捐給社團，或用它來聘請社員，做間接的推銷，這樣做往往都會收到很好的成果。

有的業務員甚至以「集體購買就打折優待」的方法對社團做推銷。犧牲一點小利潤，却收到大量的訂購，事實上也是非常划算的。

運用社團的好處，在於可得到社團的協助，推銷的商品使社員覺得有安全感，很容易得知各社員的資料，會員的名册……等等。是營業活動中必須積極爭取的對象。

7 要收集客戶的年齡資料

和結婚、生產、教育、退休等有關的商品，客戶的年齡層是極爲重要的。可是這偏偏是一件非常困難的事情。以下我們就來談論調查年齡的方法。

只要對醫院營運稍用心的人就知道，醫院對所在地區居民的年齡構成是非常敏感的。因爲患者的年齡不同，疾病的傾向也隨之不同。例如一個新興的移民地區經過十年以後，新生兒的出生率就會降低，那時牙醫和小兒科可就比婦產科更忙了！

雖然年齡資料的取得非常困難，但却也不是不可能的事。只要手上有任何一種有年齡記載的調查資料，就可以依此追加類推出現在的年齡。一般資料名册之所以具有買賣的價值，完全就在

收集年齡情報

於其上有年齡的記載。

取得年齡資料有以下幾種具體的方法：

首先是請週圍的人提供嬰兒出生的情報。能請戶政機關人員給予幫助，則是最直接有效的方法。

設法取得幼稚園的結業册或小、中、高中等各級學校的畢業册，另外就是隨時注意各級學校的放榜名單。

至於「結婚」資料的取得，只要佈下大量的眼線就不難取得消息，若缺乏人手，則不妨和各結婚照像館或會場佈置服務所取得連繫，這也是一個好方法。

此外對退修人員的掌握，最好的方法就是和各企業公司、機關團體有直接的連絡。要不然就是多結交已將屆退休年齡的人，請他們提供將在同期退休的人員名單。

地區型業務員的實力，就是表現在他對該地區居民年齡的熟悉程度上。年齡資料還具有可以逐年修正重複使用的好處。

8 要注意客戶的家庭結構

家庭結構產生變化，生活的規則就會有所不同。譬如一對沒有孩子的夫婦，他們的生活會比較偏向於享樂，對金錢的使用，也一定和有小孩的家庭不一樣。

一個三代同堂的家庭，其平時的消費額一定不會太少吧！就算是要買車，四人用的轎車也不實用！

像這樣，家庭結構不同，推銷的商品自然就有所差別。因此要選擇適合自己所販賣商品的家庭，做推銷的對象，這樣業務活動才能輕鬆而有效率。

要如何才能找到適合的家庭對象來推銷商品呢？

只有一個方法，那就是——注意觀察、努力尋找，除此之外，別無他法。

因爲每個家庭都或多或少有一些不欲爲人所知的部分。如果過份勉強地去調查，稍一不愼就會侵犯別人的隱私權。因此最好的方法是慢慢地觀察，多方地打聽，請與其熟識的人提供詳細的情報。

第六章 做訪問前的心態和準備

1 要隨時抱有夢想

做推銷業務最難過的，是無法達成指定的目標而被指責。這種窘況是誰都避之惟恐不及的。在這種情況下，業務員也只有二條路可行，一是逃避，一是繼續拼鬥下去。

逃避也是一種方法。如果工作使人的肉體或精神無法負擔，則最好是儘快地，安心地逃避。能另擇別途最好。因爲很顯然的，這樣的工作並不適合自己。

如果自認還有辦法能繼續勝任目前的業務工作，爲達成目標，就只有設法提升自己的能力了。因爲，除非環境改變或公司業務政策改變，否則，突破現狀最好的方法，還是只有加強自己的能力，此外別無他途。

要找出自我能力不足的部分，其方法要從抱有一個理想的夢開始。例如，心裡想「啊……我希望將來能像××一樣」，換句話說，就是找一個具體的人物來做標準，使自己不足的地方或應該努力學習的方向，能夠一目了然。

另外，給自己訂一個具體的目標也是一種好方法。例如，要買房子或買車，要爭取業績第一

要隨時抱有夢想和目標

名，要當上課長……等，這都會激勵自己產生更大的幹勁。

更具體的作法是，每天給自己訂下目標，例如今天要拜訪一百處客戶，或今天一定要設法和A、B、C三位客戶達成買賣……等等。

當一個人會這樣想的時候，做事就會講求方法，儘量截長補短，發揮長處，並努力學習補足自己的缺失。

因此身爲業務人員，心中要隨時抱有一個或大或小的夢想，這樣才能激發自己繼續不斷向前衝刺的幹勁。

② 要舉出工作的優點

心情不好或意志消沉時，工作是絕對做不好的。

因此，如果能多想業務的好處，業務員馬上就會精神百倍。「好吧！就這樣做吧！」「我一定有辦法得到那些好處」只要業務員有這種想法，那他的推銷活動一定可以進行得很順利。

在意識裡清楚地列出營業上的好處，而使自己「振奮起來」，這對業務員來說是很重要的。

至於做業務的好處可歸納成下列七點：

1.可以左右公司整體的業績

不管同意與否，無可諱言的，如果沒有業務員出去銷售商品，則公司是絕對無法生存下去的。業務員是公司的生命，也維繫著公司業務的盛衰。

2.可以讓顧客覺得快樂

只要想想推銷的商品，會讓顧客感到滿足快樂，就不會有膽怯的心理產生。

3.用數字把自己的能力顯示出來

業績是要用數字來表現的。對業務員來說「數字」就是一切，因此隨時要有「好吧，我就拿數字來給你們看吧！」的氣概，畢竟業務的工作和學歷、職位並無絕對的關係。

4.要能爲工作找竅門

一個能讓自己運用智慧技巧來從事的工作，是最吸引人且能令人有成就感。

5.要有獨自承擔的氣概

現在是分工的時代，每個人都有他專門負責的部分。像業務的工作，即是一個人就可以完成的工作。

6.能夠製造許多人際關係

透過業務活動而促成的人際關係，遠比在辦公室辦公的人要多出幾十倍。不但如此，還能接觸到一些社會地位較高的人，對個人的生活經歷，可說是具有不可限量的益處。

7.能得相當的經濟利益

越是困難的業務工作，當然就越有利潤。因此想想利潤，會令人有向越困難的工作挑戰的決心。

3 要確認商品的特徵

連自己都無法了解所推銷商品的特點，那顧客怎麼會有購買的信心呢？所以唯有事先了解商品的特徵，才能找出適合去推銷的顧客對象。

對於一般日常用品或大家早已熟知的商品，推銷時只要強調其價錢便宜，性能優越，品質優良，使用簡便，設計新穎等特點就可以了。

如果有比自己的商品更便宜的，就強調其他特點，譬如品質的優良等。推銷產品時最好還要準備一些宣傳手册、說明書或資料。

要強調使用簡便的特點時，就要設法讓顧客了解應該怎麼使用才能達到簡便的效果。又，如果打算讓顧客現場試用時，應該事先設計好做哪些事情。

至於比較特殊而需要熟練者操作的商品，則要強調售後服務，且要事先確認服務的界限。把具體的服務項目和內容向顧客說明清楚，以避免事後有糾紛發生。

如果所推銷的商品，其價值是在於它的稀奇，那麼推銷時就要強調，該商品在別處是有錢也買不到的。假如市面上有類似的商品，則必須要把不同的地方說明清楚。像化粧品、服飾、畫、藝術品……等等。推銷時要特別強調僅此一件，一旦錯失良機，將終生遺憾。

事先確認商品的特徵，會使業務員在做推銷工作時更增添無比的信心。

4 要訂立每天的計畫

訂立行動計畫是凡事成功的先決條件。有云：「豫則立，不豫則廢」就是這個道理。還必須要有一年、三個月、一個月、一週、一天等不同期限的計畫。毫無計畫的行動，就是蠢動，而蠢動到頭來都是徒勞無功的。

訂定每天的活動計畫，各行各業的着眼點都有所不同。不過，對於推銷的業務員來說，還是有可遵循的原則。

例如每個月擬定達到一百五十件業績的計畫，那麼每天應該要做多少件才能達成計畫呢？如果您很單純地把一百五十除以三十，認爲一天只要做五件，那麼您大概每個月都無法完成計畫目標！

事實上，計算的方法應該是：先計算實際活動的日數，像星期日和節日都必須扣除，星期六也很不適合做推銷活動，因此最好也扣除。此外再加上月初和月末的討論會議，一個月的活動日數事實上大約只有二十天左右。

一百五十除以二十，則可知一天大概要完成七件到八件的。但這還是不夠，因爲一天的拜訪數應該是計算數再加五成，也就是說一個月要做一百五十件，則必須要訂立每天做十件的計畫。

一天做十件，則預定早上做七件下午做五件。上午9點到12點的3個小時內要完成七件，則每一件大約只有二十五分鐘的時間可運用。再考慮移動和搬運商品的時間，則每件大約只有十分鐘的促銷時間。根據這些，我們可以安排歸類要先拜訪那些顧客了。

唯有每天訂下計畫，排定活動的時間，才能使活動更有效率，更有成就感。

5 製造促銷商品的道具

商品促銷的道具，目的在提高顧客對商品的興趣並產生信心。因為光用嘴巴來說服顧客不但令人覺得心煩，甚至因此拒絕被推銷。至於具體的促銷道具，大致可歸納成下列幾種：

1. 公司製作的廣告小冊子

針對商品而做成的廣告冊子，是最具影響力的促銷道具。這種冊子又必須分成只供翻閱和送顧客做參考的兩種。供翻閱的要依據順序附上圖片做說明。要分送顧客的冊子，則附上訂購連絡處的住址、電話以及劃撥單等。

2. 報章雜誌的剪報

報章雜誌的刊登就是商品被肯定的最好證據。要儘可能把報紙或雜誌的名稱、日期一併剪下，這樣會更具有說服力。

3. 自己製作的資料

各種推銷的輔助道具

需要詳細說明的商品，最好自己再做幾份輔助說明的資料。例如分期付款購買時，要分幾期、每期又要繳納多少錢等，如果事先做成資料表，不僅能使顧客一目了然，且可省去繁雜的說明。若再附上一些圖解，顧客一定更容易接受。

4.必備的文具

像鉛筆、色筆、原子筆、鋼筆……等，都必須事先多準備幾支。還有白紙也是不可或缺的。

5.訂契約時需要的東西

名片、印鑑、印泥、申請書等，都是要與顧客訂契約時不可或缺的東西，應該事先把它放置在一起。

6 要想好應對的方法

業務員在出門前，就要把從見到客戶到離開時，各種可能發生情況的談話事先盤算好。

1.見面時的招呼用語

譬如「您早！」「××先生您好！」「今天首次來拜訪您……」等等。

2.自我介紹

「我是××公司的○○○」「我是××公司這次派來擔任貴處業務服務的○○○，請多多指教！」然後就遞上名片。

3.說明來訪的目的

「今天是要來做市場調查的」「今天是出來向老客戶做例行拜訪」「今天來是要再向您推銷新產品的」等等。

4.做一些讓顧客會開口說話的詢問

要怎麼樣才能讓客人開口說話呢?有一個秘訣，就是故意問一些他已經知道的事。

例如「過去是否有我們公司的人來過呢?」「您的車子情況還好吧！」「哇！好棒的房子呀！是什麼時候蓋的呢?」

5.順著顧客的回答說話

①如果顧客的回答一開始就很壞時，首先應向他抱歉。「唉呀！那眞是對不起。不知道前面已經有人來過了，不過今天既然我已經來了，是否請撥二、三分鐘讓我說明一下。」

②如果顧客的回答很高興，就跟他一起高興。「那眞是太好了，您眞會保養車子……」

③如果顧客的回答很具體，應加以讚美。「呀！已經蓋那麼久了呀！蓋得眞是不錯呀！」

6.對商品做說明

說明要簡潔扼要。等客人逐漸有興趣了再約定下次拜訪的時間。

7 預先設想對方拒絕時的方法

假如我們用心注意一下就不難發現，一般拒絕的話語幾乎是大同小異的。

1.以不想聽來做拒絕

譬如說「現在很忙」就是不想聽的典型拒絕方式。不過請勿氣餒，因爲他並不是說「不要」，所以應該還有一點希望。

遇到這種情形，只要先向他道歉，然後再對他說還會再來拜訪，這樣就可以了。例如「打擾您的時間眞是抱歉。不過我每天都會來這地區的，所以改天再來好了！」

2.以尚有存貨爲由來拒絕

例如「現在存貨還很多」「現在並不擬改用別種商品」，這種拒絕正意味著，該客戶對新商品缺乏足夠的知識，或是習慣一種商品而不想更換。這時，先要對他的話表示讚同，然後趁機灌輸他新商品的知識。例如「哇！眞不簡單，竟然同一樣東西用了那麼久還不想換。不過，我們的商品是最新發明的，而且具有許多以前商品所沒有的特點，例如……」

3.以對公司、推銷員或商品有怨言而拒絕

譬如彼此在過去曾發生過爭執，對方就常以「你們的服務態度太差了」爲理由拒絕購買時，首先應向他道個歉，然後保證今後你的服務一定是包君滿意。「那眞是對不起，不過現在由我來替您服務，保證過去的事絕不會再發生而且包君滿意……」

4.以不信賴新手爲由拒絕

「跟我來往的都是有幾十年交情的推銷員，對於新手我可不太信任」，聽到這類言詞時，首先應該對那些推銷員讚美一番，然後介紹自己也是值得信賴的人，請對方破例交易一次。

5.以經過檢討的結果來做拒絕

「我多方考慮的結果，認爲還是繼續用目前的東西就好了。」這是最徹底的拒絕，所以只好向對方宣稱改天找機會再做拜訪了。

8 設法安排再做拜訪的機會

只跟客戶見一次面就完成交易，是少之又少的事，通常跑個三四趟是很稀鬆平常的。因此當要從客戶處告退時，一定要記得製造一個下次可以再做拜訪的藉口。其方法大致可分爲下列四種：

①向客戶要家庭作業

最好的方法是讓客戶給你一些家庭作業。譬如客戶問一些你所不知道的事，你就回答說「我回去查一查，改天再來向您報告」。於是理所當然地，你還可再來訪問了。

另外一個變通的方法，就是明知道答案却不當場作答，而製造下次可再做拜訪的口實。不過這必須是對方提出稍有深度的問題時才可以，而且說話還要有點技巧，譬如「這個問題我想大致不是……不過確實如何我就不太清楚了，我回去再詳細查查看，改天再回答您好了……」

②以下次送資料來爲藉口

要在客戶的面前當場作資料是很花費時間的。而初次拜訪的時間又最好不要拖太長，所以乾脆跟客戶說改天再送資料給他。這樣不但節省時間，而且還製造一個可以再堂而皇之去拜訪的機會，可說是一舉二得。

③事先講出會再來拜訪的話

先說一些讓客戶不會覺得你是專程去拜訪的話語，例如：

「今後我是這個地區的推銷員，每天都要出來做拜訪，屆時請多多指教。」

「下禮拜三我會來附近送貨，再過來拜訪您。」

「下週新製的廣告册就會印好，屆時我再送來給您。」

④看情形故意遺忘東西

如果沒有任何機會製造藉口時，最後的辦法就是故意把東西遺忘在客戶的家。例如像地圖，書籍雜誌等不很重要的東西，但必須清楚寫上名字這樣才有效用。有許多的推銷活動，都是靠這種偶然的遺忘物來促成的。

第七章　花工夫贏得成功

1 反覆查閱顧客卡

顧客卡對業務員而言是一筆大資產。它比交易對象的名簿，在資料檔案上更高出數倍的價值，因爲它是最符合自己商品的顧客名册。

但是，顧客卡光是做好了留在手邊，是一點價值也沒有，如何去活用它才是關鍵所在。

首先，必須有經常查閱顧客卡的習慣。一邊查閱顧客卡，同時在腦海中回想該顧客的模樣。

讓我們來看看從顧客卡上可能注意到的事情。

1. 項目的遺漏

當您發現顧客卡中某些項目遺漏了，請您勤快些到顧客府上訪問。你的拜訪目的明確，訪問過程也變得順利多了。

2. 顧客的生平特徵

如果您發覺顧客的生日快到了，應該趕快遞上一張生日卡祝賀。如果您擁有一千張的顧客卡，一個月大概必須花費八十三張生日卡，一天平均要送五張。若是再加上他家人的生日、結婚紀念日等，那就非常可觀了。如果是公司的顧客卡，決算期就成了非常重要的情報來源。在三個月之前，就可以預測決算的結果，所以，有時候您可以根據情況，來處理您的顧客服務支出。

3.訪問間隔

查閱顧客卡時，才會發現對某些顧客竟有一個月都沒有前去拜訪的誤失。如果已經有二個禮拜的間隔，就是最好的拜訪時機了。

4.售後的期間

售後經過了年數，對下次的推銷有極大的影響，在這個每天都有新產品推出的時代，稍一疏忽，就會被其他公司的產品取而代之了。全然忽視商品的耐用年限，縱然商品功能無失，一旦有新產品問市時，在外觀感受上，就已經陳腐不中用了。

5.和顧客之間的約定

可能會遺忘和顧客之間許多的約定。譬如，顧客希望您半年再去拜訪一次等等。藉著顧客卡，您可以想起這些約定。

2 和顧客事先約定

事先約定好的訪問是最具功效的。

一般都利用電話來邀約顧客，這時一定要以予人親和感的語調，簡潔扼要地確定約定的時間。

下列就說明和顧客約定的順序。

1. 明朗的招呼

「早安」「初次掛電話給您」這些開頭的招呼語，一定要說得明朗、貼切。

2. 清楚地報上名

報出自己的公司名稱和自己的名字是不容置疑的先決條件。緩慢、沈穩地說：

「我是××公司的王大成。」

3. 確認對方是何人

在拜訪客戶時，要確定對方的姓名。如果是打到公司，事先要知道對方的頭銜，再指名找人。

「請問您是陳明達先生嗎？」

「麻煩您幫我接總務課長蔡天成先生。」

4. 加上道歉的話

「在您百忙之中眞抱歉。」

「突然打電話給您，非常對不起。」

5.把重點整理好再交談

如果拜訪的時間只有五分鐘左右，顧客較不會感受到太大的負擔。

①如果有介紹者，要把和介紹者的關係加入談話之中。「我是經由××公司陳××的介紹，打電話給您的。平常陳××先生就常照應我，這一次也是他建議我和您見個面，當面談談看。實在很抱歉，請問能不能撥給我五分鐘左右的時間？」

②如果您的訪問目標是一本名册裏的人，必須強調您訪問的是一個團體。「我是××公會的負責人，下禮拜預定到貴地方做訪問。星期一下午，我想打擾您五分左右的時間，不知道您方不方便？」

6.要和顧客一唱一和

「是，不是」要說得清楚。

7.一定要把拜訪目的說清楚

8.一邊致謝，同時輕輕掛掉電話

千萬不要「卡喳！」把電話給掛了。

3 請求介紹

如果有人介紹銷售對象，進一步的推銷就容易多了。但是，有許多業務員却哀嘆難得介紹之惠。

「誰都可以啦，幫我介紹一個吧！」這種方法是最惡劣的，應該要明白地指出「請幫我介紹陳××先生」，如果不知道對方的名字時，就附帶條件說「董事長只有一位，作業員大約有五十名，生意有盈餘的公司」因爲以介紹者的立場而言，條件說得越具體越容易辦。

一提到介紹，往往都會聯想到介紹函，其實，介紹可以分爲五個階段。即使是最簡單的一個介紹，對接近顧客也是非常有幫助。

1. 與介紹者同行

如果介紹者的態度積極，就最具功效了。

2. 請人代寫介紹函

想藉助名人的權威時，用這個方式最恰當。但也會讓顧客感受到一股強烈的壓迫感，因此必須謹愼處理。

3.請人代打電話

如果介紹者和顧客熟稔的話，這個方式的效果極大。若只是要求對方介紹你與顧客見面的機會而已，介紹者會很樂意地達成你的希望。

4.在名片上寫上介紹者的字號等

這是最常使用的方法。除可借重介紹者的力量之外，還可以使推銷員聯想起顧客容貌。若在名片上加上介紹者的印鑑，就更爲愼重。

5.請求使用介紹者的名號

如果想要約見一位和介紹者有某種關係的人時，可以用這個方法試試看。利用雙方有一位共同的朋友這一點，便可以讓顧客感覺安心，談話也能順利進行了。

使用介紹者的名號時，可以這樣說：

「××公司的黃達先生平日就多方地照顧我，和黃達先生談話的時候，常常聽到他提及您的大名，所以一直想找一天和您見過面聊聊。碰巧，今天在附近辦一點事，覺得是一個好機會，就來拜訪您了。」

4 拜訪時的注意事項

和顧客之間的面談，如果稍不留神，顧客就不會聽你的吹嘘了，一定要注意謹慎地和顧客相處。服裝應整齊，面部表情要柔和，同時具有使人好感的態度。並且，還要振奮自己的情緒來做訪問。

在訓練新進職員最常發現的一件事是，當被顧客拒絕時，臉部的表情就非常僵硬。這時再去拜訪下一位顧客時，理所當然是要被拒於門外了。試著莞爾一笑，你的表情就會柔和下來了。

1. 遵守約定的時間

和顧客有約，一定不可以遲到。一旦遲到，會讓客戶貶低對業務員的印象。而如果約定面會時間只有五分鐘，時間一到，就應該告辭。即使顧客覺得有興趣，一再地詢問也要起身告退。時間不夠的話，約定下次拜訪就可以了。

2. 不要忘了東西

千萬注意不要遺漏資料或契約書等文件。

3.對顧客做過調查後再拜訪

拜訪有社會地位的人時，尤其要注意。同時，對於其公司方面的事情也要調查清楚。

4.名片的遞送方式

用單手拿自己的名片，但要用雙手接顧客的名片。注意不要隨便處理顧客的名片。

5.在面會時不要抽香煙

顧客不抽煙時，千萬不可以抽。縱然顧客會抽，但是顧慮到周遭的人，還是要留意些好。

6.注意外套、行李等的放置

外套不是掛在吊衣架上，就是要褶疊好放在身邊。皮包不要放置在桌上，擱在膝蓋上最適宜。〇〇七手提箱之類的提包，外表堅硬，更不可以放置在桌上。同時，和工作無關的物品，不要帶著到處逛。

5 決定起頭的招呼語

不論那一種行業，初次拜訪顧客都常令人心驚膽跳。業務員都有過在顧客門前來回踱步，不知進去好還是打退堂鼓的尷尬經驗。

這是對初次見面的招呼語缺少自信，深怕被拒絕的不安心理造成的。在業務部的研習過程中，有反覆ㄇ誦招呼語的練習，必須訓練到打開門就元氣十足地打招呼。

具體地舉出下列的詞句，請試著練習看看。

1.和顧客有約定的時候

「您好。我是上回打電話給您的××公司的陳平。今天您在百忙中能撥冗和我見面，眞謝謝您。」

「您好。我是張大田先生介紹來的，××公司的林井成。今天打擾您了。」

2.追踪拜訪的時候

「對不起，我是○○公司的張萬里。謝謝您平日的惠顧。」

「您好，我是××公司的蔡和生。上回多蒙您的連絡，謝謝！」

3.初次拜訪的時候

「您好，突然的拜訪眞是冒昧。我是××公司的張大通。」

「您好，我是負責這個地區營業活動的王必先，請多多指教。」

「對不起，我是××壽險公司的林眞成，今天來是爲您介紹各種壽險服務的。」

開頭的招呼語務必要儘量說得明朗、清楚。明朗的談吐，會帶給顧客安全感。因此，進入顧客大門之前，先做深呼吸，調整一下情緒，對鏡莞爾一笑，讓自己充滿明朗愉快的心情。然後，大聲地朗誦一次。

開頭的招呼語，若是能說得順暢，接下來的話題就容易說得開了。

6 練習訪問重點的談話方式

「要不要買汽車？」「投個壽險吧！」「要不要加入互助會？」「對ＯＡ機器有沒有興趣？」等等，如果你這麼說，百分之百的回答定是「不需要！」「我沒空！」「家裏已經很多。」

顧客往往是不喜歡改變現狀的。要讓顧客有改變現狀的想法，必須讓他對業務員的談話產生興趣，使他覺得現狀有改善的必要。

業務員拜訪初次見面的顧客，明確地說出拜訪目的並表明工作責任是義務，這是非常正確的。

那麼，要怎麼做才恰當呢？有二個方法可以試試看。

1. 不要把初訪視爲銷售訪問

不要把初訪視爲銷售訪問，應當做調查性質、聽取意見的訪問，所以，一開始就明白地表示：

「我是想調查擁有轎車的先生小姐們，購買轎車的目的主要是爲什麼？」

「我們目前想實施爲大衆設計生活的服務，請您回答這些問題調查好嗎？」

「不知道貴公司使用ＯＡ機器，有沒有不妥的地方，我們想調查一下。」

2.不讓顧客產生抗拒感，簡單明瞭說出來意

「我想您大概已經很清楚了，不過，這是我們公會福利事業的一環，不知道您願不願意加入我們的互助會？」

「現在的ＯＡ機器不只是日新月異而已，簡直就是瞬息萬變。我們公司這個禮拜也推出了一項新機種，麻煩您參考看看。」

「您的鄰居也使用我們的商品。每次到隔壁拜訪的時候，常想也到府上拜訪，不過，總是沒有機會。今天終於鼓足了勇氣前來打擾。」

「我是社會的新鮮人，特地來拜訪您。」

7 做使人好感的訪問

做調查訪問時，如果顧客不答腔就成不了事。業務員若是能製造出使彼此坦誠相見的氣氛，訪問就會順利些。

即使是強迫推銷式的訪問，如果顧客愛理不理的，縱然業務員說得天花亂墜，也於事無補。顧客的答案不管是拒絕或埋怨，都可以當作繼續交談的話引。

讓顧客開ロ說話，必須從談話的內容和氣氛兩方面下功夫。

1. 從容易啓ロ的話題着手

①對眼前所見的事物加以讚美

「這花開得好漂亮哦！」「這幅油畫畫得眞好！」

②以看到的事物做話題

「這輛轎車是第幾部啦？」「您的盆栽好多啊！」

③以公司、商品爲題

嚴禁使對方不快的態度

「敝公司有沒有人前來訪問過?」「您不知道有沒有看過這種商品?」

2.表現出是一個談話好對象的態度

①注意自己的姿勢

把身體稍向前傾。

②注意自己的眼神

上下從眉到胸，左右以兩肩爲範圍，在這個四方圈裏定住你的眼睛。

③切忌雙手環抱，或雙脚交叉。

3.表示你的反應

①和顧客一搭一和

「那麼，您怎麼辦呢?」「這眞不得了啊」「對啊」「原來如此」「眞是萬幸呢」「您大概嚇了一跳吧」。

②對顧客的談話也要有相反的意見

「不會有這種事吧」「眞難以相信」「大概是什麼地方弄錯吧」。

8 技巧地把話題轉入正題

漫無邊際無休止的東聊西扯，是無法完成工作任務的。很多業務員常常爲了不知如何把談話轉入正題而煩惱。其實，有幾個辦法是可以幫助您解決這個困擾的。

1.不做無謂的雜談

打完招呼後立刻就轉入正題的方法。在公司和顧客會面，或者顧客有急事的時候，這個辦法最恰當。

「其實，今天前來拜訪是……」「急著就說起工作的事，眞抱歉」如此就可以把談話轉入正題了。

2.話題轉變的時候

閒聊時，當話題轉變的時候，就可以引入正題。

3.顧客聊了五分鐘以上的時候

談一個話題，五分鐘就足夠了。聊超過了這個時間，不是反覆的重述，就是聊得離譜了。趕快做個了結，轉入談話的正題吧！

做了結的最佳時機是談話已告一段落。如果摸不著，就趁著對方吸氣的瞬間，大聲地說「這眞是了不得啊！」幫一句腔後，對方一定會回答「就是這樣嘛！」然後你趁機說「眞想再聽您的高論，不過，有的是機會，下次再討教了。那麼，今天我來是……」

4.可以利用推銷手法的時候

雜談當中，若發現和您推銷有關的東西，趕緊說「請看看這個！」然後就可以轉換話題了。一旦話題轉變，就該由業務員來主導談話了。

5.環境改變的時候

人常受環境的影響而變化，所以，這時候要抓住轉換話題的機會。

譬如，有人打電話來後，話題被中斷，氣氛也接續不上了，這時候轉入正題並不唐突。或者，小孩跑出來，或有人傳遞便條紙來的時候等等，都是轉換話題的好機會。

第八章　一步步邁進

第八章

1　掌握商品的特徵

讓顧客認識商品優點的前提是，業務員必須先能深切了解商品的內容，以便向顧客解說與其它商品的不同，回答顧客的疑問，否則會予人「不可靠」的印象，而失去對商品的信賴感。所以，一定要花心思充分地了解商品，具備各項商品的知識。

1. 知道商品的優缺點

商品一定有它的開發意圖。若以廉價爲目標，一定得犧牲部分機能，改變其款式，使價格降低。這樣，在價格方面雖然低於其他商品，但是在機能方面就遜色多了。

知道商品的優缺點後，就應該展開以強調商品優點的營業活動。

在商品的優缺點上，顧客最在意的有下列幾點：

・價格　・種類　・款式　・機能　・應用性　・信賴性　・安全性　・新舊率　・確實性
・新鮮度

2. 知道與舊商品的相異處

具備商品知識和價格、款式、機能…

新型商品在某種意義上而言，都是改良以前的商品而完成的。

改良的原因有很多，不過，業務員一定要牢記是那個地方被改良，或者是什麼部份省略了。同時，還要知道改良的原因爲何。

・順應時代潮流　・順乎顧客的希望　・減低製造成本　・和他種商品互別苗頭　・商品的陳腐化

3.知道和他家廠商類似商品的不同

縱然是類似的商品，但是每個公司都會擁有屬於自己的特性，並在某些地方求變化，這就叫商品的差別化。商品的差別化是由下面兩個觀念而來：

①展現公司的特長

它是要表現公司超強的技術，良好的品牌以及廣泛的銷售網等特長。

②掌握顧客層面

年齡、性別、職業、經驗、家族關係等的配合，掌握住一個特定對象。

業務員應該知道是以何爲目標的商品差別化。

2 結合顧客的需要與商品的特長

即使業務員認爲非常優秀的商品，如果顧客並不需要也賣不出去。所以先請掌握住商品和顧客之間的關連，再發揮你的推銷長才吧！

下面的事項尤其重要：

- 如何改變顧客的生活
- 會帶來什麼利益
- 可以省下多少的時間
- 顧客購買之後，誰最高興

如果能夠掌握住這些關連，就可以使顧客明白自己和商品之間的關係。讓顧客明白的方法有以下三種：

1. 藉著詢問使顧客了解

「節省下來的經費，不就等於增加利潤嗎？」

「各企業對於財產如何轉交給繼任者，都有各種考慮與計畫，您應該也有想過吧！」

「您不覺得這個房間如果掛一幅畫，會使整個氣氛有極大的轉變嗎？」

「一般人過了六十歲，大多都會染患一些疾病，您大概也有投保疾病保險吧?!」

2. 明白地表示使對方了解

「這個機器相當於五個人的工作能力，所以，只要二年就可以還本了。」

「光是讓小孩讀大學，至少也要花上一、二十萬，您目前難道沒有任何準備嗎？」

「從此書寫文件就不必再謄寫了，既便利又省時，您不要試試看嗎？」

3. 讓顧客試用，親自體會

在沒有辦法用言語說得明白的時候，必須讓顧客直接去接觸，讓他感受商品和自己的關係。感覺性的東西，用語言是難以解釋清楚的，所以，要積極地讓顧客親自去體認。

「操作非常簡單，您試著做看看！」

「放在這裏一個禮拜做爲試用期間，您仔細看看再下判斷好了。」

「請使用看看，您會發覺肌膚變得柔嫩光滑。」

3 努力藉說明吸引顧客

顧客購買商品的過程，有所謂的AIDMA法則。

●Attention　矚目
●Interest　興趣
●Desire　渴望
●Memory　記憶
●Action　行動

取五個英文字的字頭而構成AIDMA法則。

從「受到矚目」到「使其行動」的各個階段，都必須花工夫去吸引顧客。

1.注意商品的處理方法

業務員對商品的處理方式，將會影響對顧客的吸引力。如果胡亂處置，會令人覺得是粗俗品而失去興趣。如果就像是貴重品般地細心地處理，必引發顧客的興趣。

處理商品時要用雙手，小心地處置。就連代替商品的目錄也要依這個標準處置。放入提包內時，要裝在袋子裏或用紙包好。傳遞設計書或企劃表等文件時，也要用厚紙做成表皮包好，讓人家感覺到眞正的價值感。

2. 說明商品的特長

凡事要以符合顧客的要求爲前提，然後掌握住商品的特長，以具體的實例向顧客遊說。

①價格便宜

「普通價錢的一半。」

②性能佳

「影印的速度，比以往的機器要快上五倍。」

③種類多

「顏色有好幾十種，任何一間房子都可以搭配得非常漂亮。」

④容易操作

「任何人只要練習個三十分鐘就會了，非常簡單。」

⑤多變性

「只要零件變化組合，就可以有其他的多重用途。」

⑥不故障

「三年內不用修理。」

4 活用推銷工具

做說明的時候，除了應用語言之外，如果再利用視覺、觸覺、嗅覺、味覺等手段，更能大大地增加說服力。但是，如果沒有成品，就難以利用觸覺、嗅覺、味覺等手段，所以推銷工具還是集中在視覺上。

如果只是讓顧客看看推銷物品，效果並不大。必須配合著說明，用語言來應證實物。同時，必須順應各個顧客的需要，加點功夫。例如，拿目錄給顧客看時，要努力使顧客能夠意識到下列之類的項目。

1. 令人警醒的項目

強調目錄上的項目時，可以加「○」印、劃線或用銀光筆劃框框，塡加項目等等的方法。

- 商品的特長
- 價格

- 機能
- 種類
- 選擇性

2. 塡進的項目

- 支付條件
- 交貨期
- 數量
- 折扣率
- 符合顧客條件的東西
- 其他，顧客所要求的東西

塡寫的項目會成爲日後的依據，所以，在塡寫數字時，請注意數字的空間一定要大而淸楚。

3. 騰寫出的項目

塡寫進許多項目，又做了許多記號，推銷目錄變得骯髒難看時，就把一本新的且寫有顧客喜愛的內容之目錄留置給顧客。

推銷工具要做得符合任何一位顧客。換言之，每一位顧客都有許多他不能理解的部分，所以，一定要讓顧客眞切地領略到所推銷商品的內容，並對推銷工具加點說服的工夫。

5 探知顧客擁有及想要的物品

不論事前的調查多完備，但面對顧客時，還是可能會有疏漏的地方。同時，事前調查時所不了解的事情依舊還是不了解。

在不清楚顧客的情況下商談，工作必將無法進展。故需要仔細聽顧客的談話，牢實地掌握住狀況。這不僅能調查顧客的動向，還可以使顧客產生好感。所以，請積極地聽顧客談話吧！

聽取顧客談話時，要從顧客容易啓口的事情問起。問一問顧客擁有的東西或目前積極從事的事情，這些應該都是顧客可以坦白直言的。

1. 問一問目前擁有的物品

這也包括觀察之後，確認事實的詢問。

「從什麼時候開始使用這個機械？」

「使用那一個公司的產品？」

「不知道您有沒有看過這樣的商品？」

「您喜歡藍顏色嗎？」

「高爾夫球打得不錯吧！」

「住在這裏多久了？」

「您投了很多家保險吧?!」

2. 詢問目前積極從事的事

①對營業者而言

「在節約經費方面，您有什麼樣的計畫呢？」

「公司高級職員的福利設施是怎麼樣的制度？」

「貴公司如何教育業務員呢？」

「商品的廣告，主要以何種爲媒體呢？」

「公司的早會怎麼樣活用呢？」

②對個人而言

「您如何增進自己的身體健康？」

「府上的窗簾隨季節而更換嗎？」

「您中午都帶便當嗎？」

6 讓顧客說出對現狀的不滿處

即使對現狀抱著不滿，如果不說出來仍不能得知。可能是面對業務員時的不安感增強，所以掩飾自己的不滿。

因此，業務員必須能夠引導顧客，說出對現狀的不滿。對顧客而言，可能有相當的排斥感。但是，將不滿的情緒發洩出來後，顧客會認為有人肯聽他發牢騷，而對業務員產生好感。接著，業務員必須擴大顧客的不滿，使他產生非解決清楚的決心不可。

詢問的時候，要抓住要點，做具體的調查。如果發問不著邊際，會搞得顧客一頭霧水，結果就無法讓顧客說出自己的不滿了。

①對經營者而言

「您不想增加顧客的人數嗎？」

「您應該希望作業員的流動率不會太大吧！」

「您認為營業額成長應該更高才對吧！」

「您不認爲這個機器的故障率太高嗎？」
「您不覺得採購價太貴了嗎？」
②對個人而言
「您不想再有一個房間嗎？」
「您不想擁有自己的車子嗎？」
「您不想有一個新電話嗎？」
「您不想使房間變得明亮一點嗎？」
「您不想要一個更方便使用的嗎？」
「您沒有想過來一次輕便的旅行嗎？」

有道是「推銷即從被拒絕開始」，其實還是不要被拒絕的好。而不被顧客拒絕的訣竅，就是引導出顧客的不滿。請想一想自己的商品可以消除消費者的何種不滿，而顧客對以往的商品又有什麼不滿呢？

7 使顧客對現狀察覺出問題

莫名其妙的不滿於事無補，重要的是要讓不滿的心態，意識到其所帶來的禍害。

例如，對於「庫存過多」的不滿，要讓顧客意識到這是造成資金周轉不靈或者場地被奪、辦公室變得狹窄，租倉費用節節提高的原因，進一步使顧客興起必須解決這個肇端的念頭。

同時，目前努力的目標有無成效，金錢是否平白浪費等等問題，也要使顧客能夠意識到，讓他湧起一股改變現狀的情緒。

讓顧客察覺到問題之後，能產生請教業務員意見的想法時，就是大大地成功了。

1. 對經營者而言

①針對已發生的事實詢問

「業績停滯不前的狀態下，經費又不能緊縮，就很難守住利潤了啊！」

「沒有辦法整修店面，難道不是造成顧客量縮減的原因嗎？」

「資金之所以調度不佳，不是出自倉庫管理不好，庫存增多所造成的嗎？」

②針對目前努力的事實詢問

「社員教育不彰，問題不在職員身上，而是出自教育本身的問題吧?!」

「節約能源的努力之所以欲振乏力，該不會是把最重要的阻礙因素遺漏了吧?!」

2. 對個人而言

「付了那麼多的房租，飲食費用大概很緊迫吧！」

「玩一趟高爾夫球，要帶那麼大的行李，光是來回這一趟就夠您累的吧！」
「房間的氣氛暗淡，不是會影響到您的情緒嗎？」

8 暗示解決問題的要訣

如果能夠讓顧客發覺現狀中的問題，並了解其弊害，接著就是如何來解決問題了。「怎麼辦好呢」顧客主動徵求業務員的意見時，業務員可以毫不遲疑地推銷自己的商品。這時已接近成功的階段了。

如果顧客沒有徵求意見時，千萬不可掉以輕心。因爲，想要解決問題，和業務員所想推銷的商品，有時候並不是直接相關。正如想要一輛車，由於使用目的的不同，選擇的車種自然也不同了。

假想去推銷「畫」的一個場面。

在談話中，即使令顧客覺得①房間太單調②不想回到房裏來③常常在外面吃飯④想改變房間的氣氛，這些也未必就和賣畫牽扯上關係。想改變房間的氣氛，用窗簾也可以，用盆栽也很好。

改變壁紙的顏色或者換一組家具都可以達到效果。有許多的選擇方法，所以，千萬不可大意。

應該再一次把自己商品的特點和解決顧客問題的方法，清楚地做一個關連性的詢問。做如下的詢問，坦白地推銷自家商品的優點吧！然後，引發顧客親口問道：「具體的要怎麼做呢？」

「縱然說是爲了節省經費，但是連必要的東西都削減了，工作就難做了，我們爲您推薦的這個機種，既節省電費又不做無謂的浪費，所以，工作可以做得相當順利，您不想試試看這個可以節約能源的機器嗎？」

「要把財產傳給繼承人，要讓繼承人以外的家族都同意財產分配法，可不容易。如果利用壽險來分配財產，就不會招致不滿並能達成目的。您不想活用一下生命保險試試看嗎？」

第九章　訂定契約

1 試約

當顧客猶疑不決時，以促成其下判斷的契約稱之為試約。這個階段絕不可失之焦慮，因為試約畢竟還是試驗性質而已。如果顧客顯出躊躇不定的神色，就取消訂約的打算吧！試約可以反覆簽訂好幾次，所以，請不要無理強求硬是要對方一下子就下決定。

試約以下面這二個方法最有效。

1. 拿出申請書

請巧妙地利用契約書、申請書等文件。拿出申請書來，把和顧客交談中合意的項目塡寫下來。顧客看到申請書，就會感覺到一股壓力，再看到業務員塡寫，壓迫感就更大，如此一來，顧客就會認眞地考慮了。

請一邊塡寫申請書，一邊仔細觀察顧客的反應。有的人看到既然都寫申請書了，就訂契約也罷，這種情形您就順著情勢發展吧！

但是，有的人却表現出一副慌張、擔心的樣子。這時，您就應該努力消除對方的不安，為對方再解說疑惑的事項，讓顧客眞的願意與您訂契約。

2.談一談契約的好處

談一談訂契約之後，可以得到的好處及利益，當然，是以訂了契約之後才談的。

「到了秋天，有一趟招待旅行，請快樂地遊玩一下吧！」

「三年內如果有任何故障，我們都會免費修理，請不用客氣，直接找我好了。」

「您的孩子該有多高興是可以想見的了，眞是太好了！」

3.提醒顧客辦理事務上的手續

訂了契約之後，要具體地提醒顧客辦理事務上的手續。如果對方還有疑問，再仔細地回答他就好了。

「今天不知道方不方便收款。」

「貨品明天就爲您送上來。」

「工事預定在下個禮拜，可以吧?!」

2 消除疑惑的原因

假使能把試約過程中，所盤旋的疑惑一併解決清楚，就和訂定契約相距不遠了。

顧客躊躇的原因有很多種，歸根究底仍是出自不安。不安有下列三種情形：

1. 對能力所抱持的不安

付得起款項嗎？經濟上的不安是最大的。有人擔心不能一次付清；有人擔心如果長期支付的話，到底能不能長朔支付下去呢，這剛好是二種完全相反的不安，顧客的立場不同，所擔心的也不一樣。

另外，也有人會抱著，如果買了這種機器後，爲使用得當與否的技術性不安。

2. 擔心別人的意見

很多情況是，顧客本身是滿意了，却擔心周遭的人之看法而不知如何是好。

也有的是因自己沒有決斷能力而疑惑。這時候，可以找有能力的人直接談話來解決問題，或提供說服的資料等等的方法。

「也許有人會說買貴了，但是，想想往後可是大大的賺了便宜啊！」

「也許別人會說性能過多了，可是，我想使用的人都會感謝您的。」

3. 對商品的不安

自己所喜歡的，到底是不是這件商品呢？對商品抱持著很強烈的不安感。人們往往會貪求地以爲：難道沒有更便宜的嗎？沒有更方便的嗎？沒有品質更好的嗎？尤其是買到大量生產，價格節節跌落的商品時，這種不安更大。您必須果斷地諫言，目前這種商品是最棒的，以增加對方的信心。

「重要的是早點摸熟它，你不想在這最新鮮的時期買來試試嗎？」

3 預備一些應酬話

所謂應酬話，是預知顧客拒絕的內容，用心應付他的拒絕，而事先想好的一些巧妙話語。

1.不願再聽下去的拒絕

時間不恰當啦，沒有興趣啦等等，這都是不願再聽業務員談下去的拒絕方式。所以，業務員要懂得斟酌恰當的談話時機，及容易引起興趣的談話內容。

拒絕的話有「沒錢」「正忙著」「沒時間」「沒有這筆預算」等等。

如果顧客說「沒錢」，您應該微笑著回答「哎，絕不會有這種事，您認爲這是一筆大支出嗎？」製造讓顧客再接下去談的機會。

如果顧客的回答是「很忙」您當然應該再找一個恰當的時機，不過，您也可以試著要求說「

百忙之中眞是非常抱歉，不知道能不能給我五分鐘的時間？」

2.對業務員本身的拒絕

顧客雖然對商品有興趣，却不願向您購買。這和不願意聽業務員的吹噓是類似的，不同的是，顧客已經注意到商品了。

拒絕的藉口有「我們公司有專門負責這方面的人」「有同業的親戚了」「這不在我的職權之內」等等。

業務員這時應該反省一下自己的態度是否不當，接著再用類似下列的應酬話來應對。

如果對方拒絕說「有專門負責的人」您就問道「是那一位業務員負責呢？」製造再交談的機會。

如果說是「不在權限之內」就接著問「那麼是那一位先生負責呢？」

3.以不願改變現狀爲託詞

顧客如對現狀滿意，想要推銷新產品，就要花費相當的時間了。您要努力問出對方目前的狀態爲何。

最具代表的拒絕話是「不想換新的」「現在的東西已經很足夠了」。

「您對目前擁有的商品，最滿意的是那一點呢？」

「您每天都使用嗎？」

。

請猜想顧客聽到這些話後的反應，自己私下再練習看看。反覆的練習就不會怕顧客的拒絕了。

4 使顧客產生意願

使顧客產生意願，並非硬性推銷自己的商品，無理地要求顧客購買，而是指引起顧客購買的情緒。

產生購買意願的原因，一方面是對業務員產生興趣，另一方面則是對商品或相關事物產生興趣。

1. 對業務員產生興趣

對業務員產生興趣時，自然就會想到「和這個人交個朋友看看」或者「眞想幫他一點忙」等等。

讓顧客產生興趣的方法，有下面二個。

①製造人際關係

人際關係做得好，顧客就變成有力的助手了。

②和顧客有不同的觀點

在顧客的周遭，有許多和顧客具有同樣觀點的人。在製造業中，以經由批發商再轉變給各專賣零售商的公司經營者，平日所想的，就是如何讓批發商來下訂單。因爲周遭的人都具有同樣的觀點，所以沒有人會提出異議。這個時候，如果業務員能夠提示其他的販賣管道，建議以郵購方式直接和消費者做買賣，顧客一定會大爲吃驚。

不僅是工作上的事務，關於興趣、生活方式，如果業務員有獨特的不同看法，也會引起顧客的興趣。

2. 對商品及相關事物產生興趣

①讓顧客使用看看

如果是食品，就讓顧客親口嚐嚐。服飾或化粧品利用這個方法效果最佳。

②讓顧客操作看看

操作困難的機械，一開始就讓顧客試用是很危險的。不如讓熟練的業務員操作給顧客看要來得有效，因爲顧客會覺得操作並不難嘛。然後，把易學的部分先傳授給顧客，不知不覺中讓他有日益熟練的感覺。

③讓顧客想像

讓顧客想像收到禮物，而大爲雀躍的景象，推銷可贈送的商品，這個方法最管用。

5 引導顧客下判斷

想要購買新穎、不太熟悉、昂貴的商品時，任何一個顧客都會拿不定主意的，如果業務員此時不能引導顧客，使其毅然下決定的話，好不容易產生的購買意願，終會由於舉棋不定而放棄。

業務員一定要想出引導顧客下判斷的絕招。

1.限定期限

等候顧客的回音時，一定要給顧客下一個期限。一有了日期的限制，顧客就受到拘束，萬一超過期限，更加重了負擔。

2.使其意識到競爭

每個人都有各自的喜好，但是在潛意識裏仍有與他人比較，不服輸的鬥氣在。最近，各公司之間的對抗意識相當強烈，連建築物都有要比競爭對手高一截的想法，使得建築公司的業務員笑得合不攏嘴了。

3.反覆顧客合意的事項

反覆在交談中插入顧客所合意的事項，讓顧客在腦中做一番整理。再三地刺激，最後終將獲得他的同意。所謂催眠販賣就是如此應用的。

4.從最簡便的事項開始讓顧客首肯

從最簡單的事項開始，一步一步地牽引顧客的同感。從完全不必支付到必須支付三萬元的想法，是無法令人接受的。但是，叫原本支付二萬元的人支付三萬元，並不會造成太大的負擔。可以從小處着手，慢慢地再加上條件。

5.迫使顧客做選擇

如果業務員只提出一項方案，那麼顧客就只有接受與不接受的選擇了。若是顧客一點都不想改變現狀的話，對於業務員所提的方案當然只有拒絕了。

相反地，假使業務員提出許多方案讓顧客做選擇，顧客就較容易從中挑選了。因爲，在比較之下，顧客才能明白業務員所推薦的是最恰當的。

6 感謝顧客的抉擇

當顧客做最後的決定時，請您一定要說幾句感謝的話。

顧客在心裏面多少有被硬性推銷的感覺，要消除這種念頭，唯有業務員滿口的感謝話。知道自己能夠帶給別人快樂時，顧客情緒自然就會好些。

1.說出感謝的話

「眞謝謝您！」

「非常感謝您，幫了我一個大忙。」

「太謝謝您了。每次被上司問得頭都大了，實在很謝謝您的幫忙。」

2.把調侃的話置之度外

面對顧客的調侃：「這下你可賺了不少吧！」只把它當作耳邊風，還是要奉上一句感謝的話。

「多虧您的幫忙，這個月的業績總算是達到了，非常謝謝您。」

「謝謝您，如果津貼確定了，一定前來致謝。」

3.爲顧客高興

顧客如果是爲別人才購買的情況下，都會替託買的人覺得高興。所以，顧客也希望有人和他一樣的高興，這時候，您就由衷地與顧客分享這份喜悅吧！

「令千金一定非常高興的，也許今晚會高興得睡不着覺呢！眞謝謝您。」

「處理事務的女職員們一定很高興了。有了ＯＡ機器後，事務工作可以節省下一半的時間，加班的情形可以大幅的減少了。謝謝您的承購。」

4. 讚美顧客所做的抉擇時機

「您這時候決定是最恰當不過的了，現在我們可以立刻交貨給您。如果是一個禮拜之後，交貨期就沒這麼快了。您的決定大大地幫了我們的忙，謝謝您！」

「謝謝您果斷的決定。這麼一來，我就可以成爲公司特別月份的獎勵對象了。我們有一次招待旅行，到時候一定帶禮物來致謝，謝謝您！」

7 借助上司、前輩的力量

沒辦法順利訂定合同的原因，有幾點是可以猜想得到的：一是反覆同樣的手法而陷於膠著，另一則是，過於熟稔的結果，以致無法清楚地簽下合約。

這兩種情況，如果借助上司、前輩的力量，改變一下氣氛，將有意外的收穫。

同時，如果能夠活用上司的頭銜，就可以加重業務員的威信，比一個人唱獨腳戲效果更好。

1.改變氣氛

要求親近的前輩一起同行時，突然去拜訪客戶也無妨，但是請上司出面時，必須先和顧客取得連絡才行。這樣一來整個談話的氣氛就會改變。

「平日多蒙您的照顧，所以對上司提起了您，結果我的上司也想和您見個面，下禮拜一我想和上司前來拜訪您，不知道您方不方便？」

和上司、前輩一起同行的時候，要先介紹自己這一邊。「××社長，這是我們營業經理王大成先生。」

彼此交換名片之後，讓經理陪座一旁就行了。有經理陪座在側，整個氣氛一變，就容易談入正題了。

2.活用頭銜

只要看到註明著經理的名片，顧客的態度就會不同了，本來和業務員在事務桌旁交談的顧客，這時就會改變地點到接待室了，這都是頭銜的威力。

它可能使顧客與業務員之間的關係，轉變爲和公司之間的關係。可見頭銜的威力是挺大的。如果經理從旁再加上幾句說：「陳明君是個很認眞、苦幹實幹的業務員，做事仔細不出差錯，以後請您多多指教。」那麼這個陳明君業務員的話，就更加重了威勢。

這時候並不需要期待經理的說服力，只要活用這個「經理」的頭銜就可以了。

8 迅速完成事務性的手續

訂立合同，收到款項，才算是交易完成，如果以爲訂下合同就可以放心，而延誤辦理一些事務性手續，對方也有毀約的可能。

下面是我購買家用電腦的一個親身體驗。

我決心買一台二十五萬元的家用電腦，於是到一家百貨公司去看看。我想金額不少，希望能以租賃方式購買，商詢之下，對方一邊說著個人的租借比較困難，一邊替我詢問，然後答「沒問題」，我便欣喜回家等候。但是到了約定的日子，百貨公司却沒有給我一點消息。

隔天打電話到百貨公司去查詢，負責的人不在，另外的人直呼「奇怪」地儘力爲我調查，結果最後是一句不太清楚的含糊答案。

我實在等得不耐煩了，就提了錢跑到專賣店去，由於這一型的貨供不應求，並沒有任何折扣，但是我仍舊滿意地帶回家。

隔天，百貨公司的事務員打電話來，說是由於手續上的錯誤，以致進貨延誤了。但是已經來不及了，因爲我已經用現金到別的地方買了。

後來我一想，倒也不必那麼着急。可是，當時對於「不守信用」的憤怒，伴隨而來的就是急於想拿到東西的焦躁。

我想這並不是只有我才發生的特殊例子。因爲一般的顧客在決定之前雖然都是磨磨蹭蹭，但是決定之後往往有迫不急待的傾向。

相反地，業務員在簽合同之前，都是急進派的，但是一旦打了契約後，就不再擔心，而往往忽略了事後的手續處理。

在顧客面前辦理手續有一搭沒一搭的，會給人一股不負責任的感覺。同時，約定的日期到了，卻沒有履行約定，顧客會有受騙的感覺。

爲了早一點辦妥事務手續，必須在訂合同之後，做一個工作程序表，把契約後該處理的事務放寬其期限，然後在最短的日子內把事務處理完畢，這麼一來，就可以獲得顧客的信賴了。

第十章　儘力做好售後服務

1 在恰當的時機遞感謝函

簽訂契約時，當然要向顧客致謝，而且此後與顧客的接觸方式，對以後的營業活動有很大的助益。

和顧客接觸可以用電話連絡，不過致謝函還是要用信件寄出爲妥。信件最好是親筆書寫，如果用電動打字，請不要忘了親筆簽名或親寫上幾句話。

書信的好處有下列幾點：

- 表現出正式的慎重
- 可以留下當作證據
- 也可以寄給並不怎麼親近的人
- 還可以使用繪畫、照片

至於內容的實例，以下數點僅供做爲參考。

1. 初次訪問的顧客反應不錯時

「今天突然的造訪，承蒙您不嫌棄，又撥冗與我交談，眞謝謝您。您已經看過我推銷的部分商品，實際上，本公司經銷的物品種類繁多。正如我向您報告的，每二個禮拜，會到貴地去拜訪一次，屆時將會與您連絡後再去拜訪，今後請您多多指教。」

2.簽訂契約的時候

「今日承蒙您惠下合同，眞謝謝您。回到公司向上司報告後，上司也大爲欣喜，還指示我，今後要好好珍惜像陳大同先生您這樣誠摯的顧客。我也和上司抱著同樣的看法。我自知尙有許多疏忽的地方，不過，我會儘力努力，希望今後能多多指導。」

3.承蒙顧客的幇忙時

「上回給您添了厤煩，承蒙您的幫助一切都解決清楚，眞謝謝您。近日內將專程造訪，當面致謝，在此先以書信聊表謝意。」

4.從旅遊地向平日惠顧的客戶致謝

「目前隨公司的旅行團來到花蓮。回台北後當攜帶土產前去拜訪，並當面致謝。」

2 視察銷售後的狀況

業務員最常發生的問題是，訂了契約之後就不再拜訪顧客了。

但是，販賣後去觀察顧客的反應，常會發現一些糾紛或者不滿。如果不滿擴大到不可收拾的地步，或者糾紛造成禍害，這時候顧客會取消訂貨，其他的業務員會趁虛而入，而購買其他製品。

請您不要以爲，東西推銷出去就可以放一百個心了。因爲其他的業務員也有推銷商品的機會，一疏忽怠慢了訪問工作，就給了其他業務員捷足先登的機會了。

請您一定要經常做售後訪問，直到一切的糾紛平息爲止。

1. 生產性質的貨品

請經常做拜訪，直到顧客使用熟練爲止。在沒有熟練之前，總是會冒出許多問題的。要等到顧客說「沒問題了」一切才算告一段落。

使用習慣之後就想再買新的，這是人之常情。所以，接下來的就是再一次推銷的訪問了。

2. 消費性的商品

觀察一下是否如預期地消費商品了，如果沒有，要追究原因，及早找出對策。

3. 裝飾用的東西

請繼續讚美商品，顧客一再地受到稱讚，會對於自己的購買行爲感到滿意。

4. 買賣目的的商品

這些商品如何地擺設，顧客的反應如何，新採購的商品有那些?有沒有其他業務員出入，這一切情況都要掌握清楚，再做售後服務。

3 提供最新的情報

拜訪顧客的時候，業務員有時候會發現顧客本身沒有注意到的事情。大概是所謂當局者迷，旁觀者清。從客觀的角度看來，總是會發覺出一些端倪。同時，業務員也比較容易能掌握住新產品的情報。提供新情報給顧客，算是最好的售後服務了。

1. 提供經營情報

我認爲只要是和販賣有關係的人，誰都會想要獲得經營情報。因爲大家都想要如何才能暢銷得利。

①其他商店所賣的東西

提供他社所販賣的東西，以及其開店條件等情報。

②販賣方法

該採取什麼樣的陳列方式？該如何說明？採取什麼樣的宣傳手法等等情報要提供給顧客。

③對其他商品的影響

一種商品暢銷之後，受其影響，有些商品也跟著暢銷了，有些則賣不出去。如果為顧客調查會有什麼樣的影響，定會令顧客感激不盡的。

2.介紹新產品

出售新產品將是大大地提升業績的機會。對於新穎的東西，大家都會期待是否有什麼特殊性，常會一窩蜂地就成了搶手貨。

提供僅有業務員才知道的新產品情報給顧客，算是最大的服務了。而對顧客而言，這不僅是一項優待而已，他會覺得受到重視，而湧起一股想要出售看看的意願。

提供新產品情報，有以下幾個重點：

- 新產品的特徵
- 與類似商品的不同點
- 與舊商品的不同
- 販賣對象
- 售價及原價

●販賣工具及宣傳手法
●陳列方法

4 將顧客組織化

業務員都會期待顧客介紹新的客戶，同樣地顧客也期待和業務員交往，從中獲得一些益處。業務員本身可以成爲顧客的朋友，談話的對象。他還可以把顧客組織起來成爲一個銷售網。

在營業界各個單位，都將顧客組織化。某些電機公司還爲各個集團取名，開宴會辦演講。而有些化粧品公司還招待業績好的零售商旅行，舉行特別的研究會等等。

同樣的營業單位要彼此取得好處比較困難，如果行業不同，彼此就有利用的可能。一個公司無法舉行的新社員研習，如果各公司組織起來就方便多了。

在壽險業界中最常使用的方法是，以業務員爲中心，將顧客組織化。

譬如在所謂的特別月、業績競爭最厲害之前，便在有名的飯店開宴會，或者舉行聯誼會等。這時，大家都成了業務員的助手，可以介紹周遭的人互相認識。

要一次就把顧客組織起來並不簡單，花費也很大。不過，可以用循序漸進的方法來進行。最簡單的作法是，從介紹喜愛顧客所經銷商品的人開始，因爲你對雙方的狀況都很了解，做起中間人來是易如反掌的。

把一間可以變換使用爲辦公室的房子，介紹給想要一間辦公室的人，雙方都會感到滿意的。可以介紹客戶，也能夠介紹商品、或做交易買賣的中間人，業務員的交際範圍相當廣泛，所以是可以成就許多事的。

另外，也可以業務員爲中心，開一個研討會。在現在情報到處充斥，選擇情報困難的時代，提供一個彼此交接意見的場所，也算是業務員一個很重要的服務。

5 誠懇地做為商量對象

成爲自己所推銷出去的商品的商量對象，是理所當然的。但是，對於顧客私人的煩惱，能夠誠懇地成爲他商量的對象，更是業務員必須做到的。

以前，曾有過因替人說媒，而簽下合同的業務員事蹟。也曾聽過和銀行某高級主管相當親近的資深業務員提及，在該主管仍是新進職員時，由於神經緊張，曾經給予多方面的鼓勵，這也算是替顧客解決難題。

現代人似乎沒有傾吐煩惱的場所。家族關係變得薄弱，朋友又少，工作場所也幾乎成了對手聚集的地方。

因爲沒有傾聽煩惱的對象，精神方面的疾病就變得多了。一個業務員要使藉由販賣所培養成的人際關係更加堅固，就應誠心地做爲顧客商量的對象。

做爲商量對象時要注意下面幾點：

1.從頭聽到尾

對於顧客的傾聽要從頭到尾耐心地聽。一般人若聽到對方重複話題，不免都想阻止對方說「我知道了」但是，請你把這些反覆的話當做重要的環節，耐心地聽到結束爲止吧！

2.聽出眞意

不能說出來的話才是重要。雖有些未明講，但是要訴求的意態却很明顯。

面對顧客滿腔的傾訴，到底他眞正想說的是什麼呢？你要耐心地仔細聽下去。

3.讓顧客想出對策

解決煩惱的對策，讓顧客自己想出來最好，不過，他應會要求您想出對策，也許他也會反駁，但是一次二次的檢討下來，他自己就會找到最好的方法了。

6 處理不滿的要訣

處理不滿失敗的話，就失去了一位顧客。在顧客吐露苦水的時候，顧客對業務員都會抱著一股期待感，所以，藉由處理不滿這件事，是可能加深和顧客之間的關係。產生不滿，並不見得就造成問題，倒是能不能好好處理這種不滿的情緒才是大問題。

下面就列出幾點必須注意的事情：

1.要耐心聽

即使你知道這是顧客的誤會，或者平白地被顧客辱罵了，仍是要靜靜地聽顧客吐苦水。有時在你耐心的傾聽之中，顧客的怒氣就消了，對顧客的不滿也可以圓滿地解決了。

2.不要辯解，只需認錯

許多人在顧客尚未表露不滿時，就焦急地想找藉口應付。如果你一辯解，顧客會情緒性地產生反感，他的不滿也就越來越嚴重了。

對於造成顧客不滿的事情，立刻當面謝罪就沒事了。

「讓您惹了一大堆麻煩，眞是對不起。」

3.了解不滿的原因

不滿的原因並不單純。通常有以下的類型，請好好地應對處理。

①問題解決型

這是出於商品本身的問題而引起的不滿，只要直接替顧客解決了就沒事。

②表現不滿型

這是顧客動輒愛發牢騷的類型。在不滿的情緒中，產生感情的對立時，就會有這種情況發生。靜聽顧客大吐苦水，是最好的解決法。

③自我表現型

這是利用問題發生做機會，誇示自己之立場的一種不滿表現法。您只要捧捧他，使他感受到受人尊重的滿足感就萬事OK了。

④撒嬌、依賴型

這是無法以常理判斷的不滿情緒。不過，顧客是很認眞的，你要小心的處理，對於過分的強求也要坦白地拒絕。

7 提高自己的口才

人與人之間是藉由交談而彼此了解，互相幫助。

業務員就是經由談話，使顧客了解自己，也對商品有所認識，而促成顧客下判斷的。同時，也是藉由談話來解決問題，消除不滿的情緒。

業務員是無法避免不開口，所以，如何提高自己的口才是極為重要的。

要提高口才能力，先要知道口才的基本要素（感性、內容、對應力），再逐一提高這每項要素的自身能力。

感性，是指你如何去面對人。最具代表的特質是體貼、關心、誠實、熱心等。

內容，則是指所應交談內容的量、質與價值。因此，思考力是相當重要的。

對應力，則是指具體的談吐技巧。必須做到面對任何一個顧客，都能處理得當才行。

①提高感性

● 守住原則

●觀察人、學習別人的長處
●叫人與你學習
●自我思考
提高自己的感性，首先必須從守住原則開始努力。知道方法以後就容易學習了。
②豐富內容
●藉由觀察與體驗，增加內容量。
●思想
●創造高品質的內容
藉著觀察、探聽、閱讀、談話、書寫等方法，把領略到的事理存於心中，培養自己的能力。然後把零碎的片斷組合起來，分析後創造一些品質高的內容。
③提高應對能力
●觀察人，試著學習
●反覆練習
●想出合理的方法
如果不知道怎麼辦時，首先就觀察人，試著模仿。懂得方法之後，做練習、思考，創造出自己的東西。

這些基本要素是相互牽連的。

8 磨練自己

磨練自己成爲更優秀的業務員，是進行售後服務後最重要的一件事。

顧客的層次節節的上升，如果業務員不提高自己的能力，就無法順應顧客的要求。能夠順應顧客的要求，永久保持密切關係，必須業務員不斷地磨練自己才行。

提高口才能力，也是磨練自己最好的方法。不過，在此，我想以認知自己的缺點，並改變這些缺點成爲自己的長處爲重點，提供一點意見。

人無法完全看清自己。每個人都有他的優點與缺點，但往往有不承認自己缺點的傾向。可是，從別人的眼裏，最容易發現的卻是這些缺點。

所以，要知道自己的缺點，請教別人是最便捷的方法。然後把這些缺點，努力地改變爲自己的長處才行。

1. 請教別人說出自己的缺點

不要找藉口，努力練習說感謝的話。別人怎麼對你說都不要在意，說什麼？爲什麼說你？才是您該留意的地方。可能的話，你甚至可以請教對方，自己的行爲是否帶來了某些禍害。

2.努力使缺點改變爲優點

首先，要坦誠地面對自己的缺點。然後假想自己若站在其他人的立場，會怎麼地厭煩。當你確實地感到自己的缺點時，請立下決心向自己的缺點挑戰。接下來就是不斷的努力。最後，您會發現「有志竟成」的道理。

大展出版社有限公司	圖書目錄
地址：台北市北投區(石牌) 致遠一路二段 12 巷 1 號 郵撥：0166955～1	電話：(02)28236031 28236033 傳真：(02)28272069

・法律專欄連載・電腦編號 58

台大法學院　法律學系／策劃
法律服務社／編著

1. 別讓您的權利睡著了 1		200 元
2. 別讓您的權利睡著了 2		200 元

・秘傳占卜系列・電腦編號 14

1. 手相術	淺野八郎著	180 元
2. 人相術	淺野八郎著	150 元
3. 西洋占星術	淺野八郎著	180 元
4. 中國神奇占卜	淺野八郎著	150 元
5. 夢判斷	淺野八郎著	150 元
6. 前世、來世占卜	淺野八郎著	150 元
7. 法國式血型學	淺野八郎著	150 元
8. 靈感、符咒學	淺野八郎著	150 元
9. 紙牌占卜學	淺野八郎著	150 元
10. ESP 超能力占卜	淺野八郎著	150 元
11. 猶太數的秘術	淺野八郎著	150 元
12. 新心理測驗	淺野八郎著	160 元
13. 塔羅牌預言秘法	淺野八郎著	200 元

・趣味心理講座・電腦編號 15

1. 性格測驗① 探索男與女	淺野八郎著	140 元
2. 性格測驗② 透視人心奧秘	淺野八郎著	140 元
3. 性格測驗③ 發現陌生的自己	淺野八郎著	140 元
4. 性格測驗④ 發現你的真面目	淺野八郎著	140 元
5. 性格測驗⑤ 讓你們吃驚	淺野八郎著	140 元
6. 性格測驗⑥ 洞穿心理盲點	淺野八郎著	140 元
7. 性格測驗⑦ 探索對方心理	淺野八郎著	140 元
8. 性格測驗⑧ 由吃認識自己	淺野八郎著	160 元
9. 性格測驗⑨ 戀愛知多少	淺野八郎著	160 元
10. 性格測驗⑩ 由裝扮瞭解人心	淺野八郎著	160 元

11. 性格測驗⑪ 敲開內心玄機	淺野八郎著	140元
12. 性格測驗⑫ 透視你的未來	淺野八郎著	160元
13. 血型與你的一生	淺野八郎著	160元
14. 趣味推理遊戲	淺野八郎著	160元
15. 行為語言解析	淺野八郎著	160元

·婦 幼 天 地· 電腦編號 16

1. 八萬人減肥成果	黃靜香譯	180元
2. 三分鐘減肥體操	楊鴻儒譯	150元
3. 窈窕淑女美髮秘訣	柯素娥譯	130元
4. 使妳更迷人	成　玉譯	130元
5. 女性的更年期	官舒姸編譯	160元
6. 胎內育兒法	李玉瓊編譯	150元
7. 早產兒袋鼠式護理	唐岱蘭譯	200元
8. 初次懷孕與生產	婦幼天地編譯組	180元
9. 初次育兒12個月	婦幼天地編譯組	180元
10. 斷乳食與幼兒食	婦幼天地編譯組	180元
11. 培養幼兒能力與性向	婦幼天地編譯組	180元
12. 培養幼兒創造力的玩具與遊戲	婦幼天地編譯組	180元
13. 幼兒的症狀與疾病	婦幼天地編譯組	180元
14. 腿部苗條健美法	婦幼天地編譯組	180元
15. 女性腰痛別忽視	婦幼天地編譯組	150元
16. 舒展身心體操術	李玉瓊編譯	130元
17. 三分鐘臉部體操	趙薇妮著	160元
18. 生動的笑容表情術	趙薇妮著	160元
19. 心曠神怡減肥法	川津祐介著	130元
20. 內衣使妳更美麗	陳玄茹譯	130元
21. 瑜伽美姿美容	黃靜香編著	180元
22. 高雅女性裝扮學	陳珮玲譯	180元
23. 蠶糞肌膚美顏法	坂梨秀子著	160元
24. 認識妳的身體	李玉瓊譯	160元
25. 產後恢復苗條體態	居理安・芙萊喬著	200元
26. 正確護髮美容法	山崎伊久江著	180元
27. 安琪拉美姿養生學	安琪拉蘭斯博瑞著	180元
28. 女體性醫學剖析	增田豐著	220元
29. 懷孕與生產剖析	岡部綾子著	180元
30. 斷奶後的健康育兒	東城百合子著	220元
31. 引出孩子幹勁的責罵藝術	多湖輝著	170元
32. 培養孩子獨立的藝術	多湖輝著	170元
33. 子宮肌瘤與卵巢囊腫	陳秀琳編著	180元
34. 下半身減肥法	納他夏・史達賓著	180元
35. 女性自然美容法	吳雅菁編著	180元
36. 再也不發胖	池園悅太郎著	170元

37. 生男生女控制術　中垣勝裕著　220元
38. 使妳的肌膚更亮麗　楊　皓編著　170元
39. 臉部輪廓變美　芝崎義夫著　180元
40. 斑點、皺紋自己治療　高須克彌著　180元
41. 面皰自己治療　伊藤雄康著　180元
42. 隨心所欲瘦身冥想法　原久子著　180元
43. 胎兒革命　鈴木丈織著　180元
44. NS磁氣平衡法塑造窈窕奇蹟　古屋和江著　180元
45. 享瘦從腳開始　山田陽子著　180元
46. 小改變瘦4公斤　宮本裕子著　180元
47. 軟管減肥瘦身　高橋輝男著　180元
48. 海藻精神秘美容法　劉名揚編著　180元
49. 肌膚保養與脫毛　鈴木真理著　180元
50. 10天減肥3公斤　彤雲編輯組　180元
51. 穿出自己的品味　西村玲子著　280元

·青春天地· 電腦編號17

1. A血型與星座　柯素娥編譯　160元
2. B血型與星座　柯素娥編譯　160元
3. O血型與星座　柯素娥編譯　160元
4. AB血型與星座　柯素娥編譯　120元
5. 青春期性教室　呂貴嵐編譯　130元
6. 事半功倍讀書法　王毅希編譯　150元
7. 難解數學破題　宋釗宜編譯　130元
9. 小論文寫作秘訣　林顯茂編譯　120元
11. 中學生野外遊戲　熊谷康編著　120元
12. 恐怖極短篇　柯素娥編譯　130元
13. 恐怖夜話　小毛驢編譯　130元
14. 恐怖幽默短篇　小毛驢編譯　120元
15. 黑色幽默短篇　小毛驢編譯　120元
16. 靈異怪談　小毛驢編譯　130元
17. 錯覺遊戲　小毛驢編著　130元
18. 整人遊戲　小毛驢編著　150元
19. 有趣的超常識　柯素娥編譯　130元
20. 哦！原來如此　林慶旺編譯　130元
21. 趣味競賽100種　劉名揚編譯　120元
22. 數學謎題入門　宋釗宜編譯　150元
23. 數學謎題解析　宋釗宜編譯　150元
24. 透視男女心理　林慶旺編譯　120元
25. 少女情懷的自白　李桂蘭編譯　120元
26. 由兄弟姊妹看命運　李玉瓊編譯　130元
27. 趣味的科學魔術　林慶旺編譯　150元
28. 趣味的心理實驗室　李燕玲編譯　150元

29. 愛與性心理測驗	小毛驢編譯	130 元
30. 刑案推理解謎	小毛驢編譯	130 元
31. 偵探常識推理	小毛驢編譯	130 元
32. 偵探常識解謎	小毛驢編譯	130 元
33. 偵探推理遊戲	小毛驢編譯	130 元
34. 趣味的超魔術	廖玉山編著	150 元
35. 趣味的珍奇發明	柯素娥編著	150 元
36. 登山用具與技巧	陳瑞菊編著	150 元
37. 性的漫談	蘇燕謀編著	180 元
38. 無的漫談	蘇燕謀編著	180 元
39. 黑色漫談	蘇燕謀編著	180 元
40. 白色漫談	蘇燕謀編著	180 元

・健康天地・電腦編號 18

1. 壓力的預防與治療	柯素娥編譯	130 元
2. 超科學氣的魔力	柯素娥編譯	130 元
3. 尿療法治病的神奇	中尾良一著	130 元
4. 鐵證如山的尿療法奇蹟	廖玉山譯	120 元
5. 一日斷食健康法	葉慈容編譯	150 元
6. 胃部強健法	陳炳崑譯	120 元
7. 癌症早期檢查法	廖松濤譯	160 元
8. 老人痴呆症防止法	柯素娥編譯	130 元
9. 松葉汁健康飲料	陳麗芬編譯	130 元
10. 揉肚臍健康法	永井秋夫著	150 元
11. 過勞死、猝死的預防	卓秀貞編譯	130 元
12. 高血壓治療與飲食	藤山順豐著	150 元
13. 老人看護指南	柯素娥編譯	150 元
14. 美容外科淺談	楊啟宏著	150 元
15. 美容外科新境界	楊啟宏著	150 元
16. 鹽是天然的醫生	西英司郎著	140 元
17. 年輕十歲不是夢	梁瑞麟譯	200 元
18. 茶料理治百病	桑野和民著	180 元
19. 綠茶治病寶典	桑野和民著	150 元
20. 杜仲茶養顏減肥法	西田博著	150 元
21. 蜂膠驚人療效	瀨長良三郎著	180 元
22. 蜂膠治百病	瀨長良三郎著	180 元
23. 醫藥與生活㈠	鄭炳全著	180 元
24. 鈣長生寶典	落合敏著	180 元
25. 大蒜長生寶典	木下繁太郎著	160 元
26. 居家自我健康檢查	石川恭三著	160 元
27. 永恆的健康人生	李秀鈴譯	200 元
28. 大豆卵磷脂長生寶典	劉雪卿譯	150 元
29. 芳香療法	梁艾琳譯	160 元

30. 醋長生寶典	柯素娥譯	180 元
31. 從星座透視健康	席拉・吉蒂斯著	180 元
32. 愉悅自在保健學	野本二士夫著	160 元
33. 裸睡健康法	丸山淳士等著	160 元
34. 糖尿病預防與治療	藤田順豐著	180 元
35. 維他命長生寶典	菅原明子著	180 元
36. 維他命 C 新效果	鐘文訓編	150 元
37. 手、腳病理按摩	堤芳朗著	160 元
38. AIDS 瞭解與預防	彼得塔歇爾著	180 元
39. 甲殼質殼聚糖健康法	沈永嘉譯	160 元
40. 神經痛預防與治療	木下真男著	160 元
41. 室內身體鍛鍊法	陳炳崑編著	160 元
42. 吃出健康藥膳	劉大器編著	180 元
43. 自我指壓術	蘇燕謀編著	160 元
44. 紅蘿蔔汁斷食療法	李玉瓊編著	150 元
45. 洗心術健康秘法	竺翠萍編譯	170 元
46. 枇杷葉健康療法	柯素娥編譯	180 元
47. 抗衰血癒	楊啟宏著	180 元
48. 與癌搏鬥記	逸見政孝著	180 元
49. 冬蟲夏草長生寶典	高橋義博著	170 元
50. 痔瘡・大腸疾病先端療法	宮島伸宜著	180 元
51. 膠布治癒頑固慢性病	加瀨建造著	180 元
52. 芝麻神奇健康法	小林貞作著	170 元
53. 香煙能防止癡呆？	高田明和著	180 元
54. 穀菜食治癌療法	佐藤成志著	180 元
55. 貼藥健康法	松原英多著	180 元
56. 克服癌症調和道呼吸法	帶津良一著	180 元
57. B 型肝炎預防與治療	野村喜重郎著	180 元
58. 青春永駐養生導引術	早島正雄著	180 元
59. 改變呼吸法創造健康	原久子著	180 元
60. 荷爾蒙平衡養生秘訣	出村博著	180 元
61. 水美肌健康法	井戶勝富著	170 元
62. 認識食物掌握健康	廖梅珠編著	170 元
63. 痛風劇痛消除法	鈴木吉彥著	180 元
64. 酸莖菌驚人療效	上田明彥著	180 元
65. 大豆卵磷脂治現代病	神津健一著	200 元
66. 時辰療法—危險時刻凌晨 4 時	呂建強等著	180 元
67. 自然治癒力提升法	帶津良一著	180 元
68. 巧妙的氣保健法	藤平墨子著	180 元
69. 治癒 C 型肝炎	熊田博光著	180 元
70. 肝臟病預防與治療	劉名揚編著	180 元
71. 腰痛平衡療法	荒井政信著	180 元
72. 根治多汗症、狐臭	稻葉益巳著	220 元
73. 40 歲以後的骨質疏鬆症	沈永嘉譯	180 元

74. 認識中藥	松下一成著	180 元
75. 認識氣的科學	佐佐木茂美著	180 元
76. 我戰勝了癌症	安田伸著	180 元
77. 斑點是身心的危險信號	中野進著	180 元
78. 艾波拉病毒大震撼	玉川重德著	180 元
79. 重新還我黑髮	桑名隆一郎著	180 元
80. 身體節律與健康	林博史著	180 元
81. 生薑治萬病	石原結實著	180 元
82. 靈芝治百病	陳瑞東著	180 元
83. 木炭驚人的威力	大槻彰著	200 元
84. 認識活性氧	井土貴司著	180 元
85. 深海鮫治百病	廖玉山編著	180 元
86. 神奇的蜂王乳	井上丹治著	180 元
87. 卡拉 OK 健腦法	東潔著	180 元
88. 卡拉 OK 健康法	福田伴男著	180 元
89. 醫藥與生活(二)	鄭炳全著	200 元
90. 洋蔥治百病	宮尾興平著	180 元
91. 年輕 10 歲快步健康法	石塚忠雄著	180 元
92. 石榴的驚人神效	岡本順子著	180 元
93. 飲料健康法	白鳥早奈英著	180 元
94. 健康棒體操	劉名揚編譯	180 元
95. 催眠健康法	蕭京凌編著	180 元

・實用女性學講座・電腦編號 19

1. 解讀女性內心世界	島田一男著	150 元
2. 塑造成熟的女性	島田一男著	150 元
3. 女性整體裝扮學	黃靜香編著	180 元
4. 女性應對禮儀	黃靜香編著	180 元
5. 女性婚前必修	小野十傳著	200 元
6. 徹底瞭解女人	田口二州著	180 元
7. 拆穿女性謊言 88 招	島田一男著	200 元
8. 解讀女人心	島田一男著	200 元
9. 俘獲女性絕招	志賀貢著	200 元
10. 愛情的壓力解套	中村理英子著	200 元
11. 妳是人見人愛的女孩	廖松濤編著	200 元

・校園系列・電腦編號 20

1. 讀書集中術	多湖輝著	150 元
2. 應考的訣竅	多湖輝著	150 元
3. 輕鬆讀書贏得聯考	多湖輝著	150 元
4. 讀書記憶秘訣	多湖輝著	150 元

5. 視力恢復！超速讀術	江錦雲譯	180 元
6. 讀書 36 計	黃柏松編著	180 元
7. 驚人的速讀術	鐘文訓編著	170 元
8. 學生課業輔導良方	多湖輝著	180 元
9. 超速讀超記憶法	廖松濤編著	180 元
10. 速算解題技巧	宋釗宜編著	200 元
11. 看圖學英文	陳炳崑編著	200 元
12. 讓孩子最喜歡數學	沈永嘉譯	180 元
13. 催眠記憶術	林碧清譯	180 元

・實用心理學講座・電腦編號 21

1. 拆穿欺騙伎倆	多湖輝著	140 元
2. 創造好構想	多湖輝著	140 元
3. 面對面心理術	多湖輝著	160 元
4. 偽裝心理術	多湖輝著	140 元
5. 透視人性弱點	多湖輝著	140 元
6. 自我表現術	多湖輝著	180 元
7. 不可思議的人性心理	多湖輝著	180 元
8. 催眠術入門	多湖輝著	150 元
9. 責罵部屬的藝術	多湖輝著	150 元
10. 精神力	多湖輝著	150 元
11. 厚黑說服術	多湖輝著	150 元
12. 集中力	多湖輝著	150 元
13. 構想力	多湖輝著	150 元
14. 深層心理術	多湖輝著	160 元
15. 深層語言術	多湖輝著	160 元
16. 深層說服術	多湖輝著	180 元
17. 掌握潛在心理	多湖輝著	160 元
18. 洞悉心理陷阱	多湖輝著	180 元
19. 解讀金錢心理	多湖輝著	180 元
20. 拆穿語言圈套	多湖輝著	180 元
21. 語言的內心玄機	多湖輝著	180 元
22. 積極力	多湖輝著	180 元

・超現實心理講座・電腦編號 22

1. 超意識覺醒法	詹蔚芬編譯	130 元
2. 護摩秘法與人生	劉名揚編譯	130 元
3. 秘法！超級仙術入門	陸明譯	150 元
4. 給地球人的訊息	柯素娥編著	150 元
5. 密教的神通力	劉名揚編著	130 元
6. 神秘奇妙的世界	平川陽一著	200 元

7. 地球文明的超革命	吳秋嬌譯	200元
8. 力量石的秘密	吳秋嬌譯	180元
9. 超能力的靈異世界	馬小莉譯	200元
10. 逃離地球毀滅的命運	吳秋嬌譯	200元
11. 宇宙與地球終結之謎	南山宏著	200元
12. 驚世奇功揭秘	傅起鳳著	200元
13. 啟發身心潛力心象訓練法	栗田昌裕著	180元
14. 仙道術遁甲法	高藤聰一郎著	220元
15. 神通力的秘密	中岡俊哉著	180元
16. 仙人成仙術	高藤聰一郎著	200元
17. 仙道符咒氣功法	高藤聰一郎著	220元
18. 仙道風水術尋龍法	高藤聰一郎著	200元
19. 仙道奇蹟超幻像	高藤聰一郎著	200元
20. 仙道鍊金術房中法	高藤聰一郎著	200元
21. 奇蹟超醫療治癒難病	深野一幸著	220元
22. 揭開月球的神秘力量	超科學研究會	180元
23. 西藏密教奧義	高藤聰一郎著	250元
24. 改變你的夢術入門	高藤聰一郎著	250元

·養 生 保 健· 電腦編號 23

1. 醫療養生氣功	黃孝寬著	250元
2. 中國氣功圖譜	余功保著	230元
3. 少林醫療氣功精粹	井玉蘭著	250元
4. 龍形實用氣功	吳大才等著	220元
5. 魚戲增視強身氣功	宮　嬰著	220元
6. 嚴新氣功	前新培金著	250元
7. 道家玄牝氣功	張　章著	200元
8. 仙家秘傳袪病功	李遠國著	160元
9. 少林十大健身功	秦慶豐著	180元
10. 中國自控氣功	張明武著	250元
11. 醫療防癌氣功	黃孝寬著	250元
12. 醫療強身氣功	黃孝寬著	250元
13. 醫療點穴氣功	黃孝寬著	250元
14. 中國八卦如意功	趙維漢著	180元
15. 正宗馬禮堂養氣功	馬禮堂著	420元
16. 秘傳道家筋經內丹功	王慶餘著	280元
17. 三元開慧功	辛桂林著	250元
18. 防癌治癌新氣功	郭　林著	180元
19. 禪定與佛家氣功修煉	劉天君著	200元
20. 顛倒之術	梅自強著	360元
21. 簡明氣功辭典	吳家駿編	360元
22. 八卦三合功	張全亮著	230元
23. 朱砂掌健身養生功	楊永著	250元

24. 抗老功	陳九鶴著	230元
25. 意氣按穴排濁自療法	黃啟運編著	250元
26. 陳式太極拳養生功	陳正雷著	200元
27. 健身祛病小功法	王培生著	200元

・社會人智囊・電腦編號 24

1. 糾紛談判術	清水增三著	160元
2. 創造關鍵術	淺野八郎著	150元
3. 觀人術	淺野八郎著	180元
4. 應急詭辯術	廖英迪編著	160元
5. 天才家學習術	木原武一著	160元
6. 貓型狗式鑑人術	淺野八郎著	180元
7. 逆轉運掌握術	淺野八郎著	180元
8. 人際圓融術	澀谷昌三著	160元
9. 解讀人心術	淺野八郎著	180元
10. 與上司水乳交融術	秋元隆司著	180元
11. 男女心態定律	小田晉著	180元
12. 幽默說話術	林振輝編著	200元
13. 人能信賴幾分	淺野八郎著	180元
14. 我一定能成功	李玉瓊譯	180元
15. 獻給青年的嘉言	陳蒼杰譯	180元
16. 知人、知面、知其心	林振輝編著	180元
17. 塑造堅強的個性	坂上肇著	180元
18. 為自己而活	佐藤綾子著	180元
19. 未來十年與愉快生活有約	船井幸雄著	180元
20. 超級銷售話術	杜秀卿譯	180元
21. 感性培育術	黃靜香編著	180元
22. 公司新鮮人的禮儀規範	蔡媛惠譯	180元
23. 傑出職員鍛鍊術	佐佐木正著	180元
24. 面談獲勝戰略	李芳黛譯	180元
25. 金玉良言撼人心	森純大著	180元
26. 男女幽默趣典	劉華亭編著	180元
27. 機智說話術	劉華亭編著	180元
28. 心理諮商室	柯素娥譯	180元
29. 如何在公司崢嶸頭角	佐佐木正著	180元
30. 機智應對術	李玉瓊編著	200元
31. 克服低潮良方	坂野雄二著	180元
32. 智慧型說話技巧	沈永嘉編著	180元
33. 記憶力、集中力增進術	廖松濤編著	180元
34. 女職員培育術	林慶旺編著	180元
35. 自我介紹與社交禮儀	柯素娥編著	180元
36. 積極生活創幸福	田中真澄著	180元
37. 妙點子超構想	多湖輝著	180元

38. 說 NO 的技巧　廖玉山編著　180 元
39. 一流說服力　李玉瓊編著　180 元
40. 般若心經成功哲學　陳鴻蘭編著　180 元
41. 訪問推銷術　黃靜香編著　180 元
42. 男性成功秘訣　陳蒼杰編著　180 元
43. 笑容、人際智商　宮川澄子著　180 元
44. 多湖輝的構想工作室　多湖輝著　200 元
45. 名人名語啟示錄　喬家楓著　180 元

・精 選 系 列・電腦編號 25

1. 毛澤東與鄧小平　渡邊利夫等著　280 元
2. 中國大崩裂　江戶介雄著　180 元
3. 台灣・亞洲奇蹟　上村幸治著　220 元
4. 7-ELEVEN 高盈收策略　國友隆一著　180 元
5. 台灣獨立（新・中國日本戰爭一）　森詠著　200 元
6. 迷失中國的末路　江戶雄介著　220 元
7. 2000 年 5 月全世界毀滅　紫藤甲子男著　180 元
8. 失去鄧小平的中國　小島朋之著　220 元
9. 世界史爭議性異人傳　桐生操著　200 元
10. 淨化心靈享人生　松濤弘道著　220 元
11. 人生心情診斷　賴藤和寬著　220 元
12. 中美大決戰　檜山良昭著　220 元
13. 黃昏帝國美國　莊雯琳譯　220 元
14. 兩岸衝突（新・中國日本戰爭二）　森詠著　220 元
15. 封鎖台灣（新・中國日本戰爭三）　森詠著　220 元
16. 中國分裂（新・中國日本戰爭四）　森詠著　220 元
17. 由女變男的我　虎井正衛著　200 元
18. 佛學的安心立命　松濤弘道著　220 元
19. 世界喪禮大觀　松濤弘道著　280 元

・運 動 遊 戲・電腦編號 26

1. 雙人運動　李玉瓊譯　160 元
2. 愉快的跳繩運動　廖玉山譯　180 元
3. 運動會項目精選　王佑京譯　150 元
4. 肋木運動　廖玉山譯　150 元
5. 測力運動　王佑宗譯　150 元
6. 游泳入門　唐桂萍編著　200 元

・休 閒 娛 樂・電腦編號 27

1. 海水魚飼養法　田中智浩著　300 元

2. 金魚飼養法　曾雪玫譯　250 元
3. 熱門海水魚　毛利匡明著　480 元
4. 愛犬的教養與訓練　池田好雄著　250 元
5. 狗教養與疾病　杉浦哲著　220 元
6. 小動物養育技巧　三上昇著　300 元
20. 園藝植物管理　船越亮二著　220 元

・銀髮族智慧學・電腦編號 28

1. 銀髮六十樂逍遙　多湖輝著　170 元
2. 人生六十反年輕　多湖輝著　170 元
3. 六十歲的決斷　多湖輝著　170 元
4. 銀髮族健身指南　孫瑞台編著　250 元

・飲 食 保 健・電腦編號 29

1. 自己製作健康茶　大海淳著　220 元
2. 好吃、具藥效茶料理　德永睦子著　220 元
3. 改善慢性病健康藥草茶　吳秋嬌譯　200 元
4. 藥酒與健康果菜汁　成玉編著　250 元
5. 家庭保健養生湯　馬汴梁編著　220 元
6. 降低膽固醇的飲食　早川和志著　200 元
7. 女性癌症的飲食　女子營養大學　280 元
8. 痛風者的飲食　女子營養大學　280 元
9. 貧血者的飲食　女子營養大學　280 元
10. 高脂血症者的飲食　女子營養大學　280 元
11. 男性癌症的飲食　女子營養大學　280 元
12. 過敏者的飲食　女子營養大學　280 元
13. 心臟病的飲食　女子營養大學　280 元
14. 滋陰壯陽的飲食　王增著　220 元

・家庭醫學保健・電腦編號 30

1. 女性醫學大全　雨森良彥著　380 元
2. 初為人父育兒寶典　小瀧周曹著　220 元
3. 性活力強健法　相建華著　220 元
4. 30 歲以上的懷孕與生產　李芳黛編著　220 元
5. 舒適的女性更年期　野末悅子著　200 元
6. 夫妻前戲的技巧　笠井寬司著　200 元
7. 病理足穴按摩　金慧明著　220 元
8. 爸爸的更年期　河野孝旺著　200 元
9. 橡皮帶健康法　山田晶著　180 元
10. 三十三天健美減肥　相建華等著　180 元

國家圖書館出版品預行編目資料

業務員成功秘方／呂育清編著. －初版－
臺北市，大展，民 87
面；21 公分－（超經營新智慧；6）
ISBN 957-557-870-8（平裝）
1. 銷售
496.5　　　　87011948

業務員成功秘方

SBN 957-557-870-8

編 著 者／呂　育　清
發 行 人／蔡　森　明
出 版 者／大展出版社有限公司
社　　址／台北市北投區（石牌）致遠一路 2 段 12 巷 1 號
電　　話／(02) 28236031・28236033
傳　　真／(02) 28272069
郵政劃撥／0166955—1
登 記 證／局版臺業字第 2171 號
承 印 者／高星企業有限公司
裝　　訂／日新裝訂所
排 版 者／千兵企業有限公司
電　　話／(02) 28812643
初版 1 刷／1998 年（民 87 年）11 月
初版 2 刷／1999 年（民 88 年） 3 月

定　　價／200元

大展好書 好書大展

大展好書 好書大展